Haupt- und Landgestüt

MARBACH

von Gabriele Boiselle

500 JAHRE PFERDEZUCHT

Müller Rüschlikon

Mensch und Pferd

Kaum ein anderes Lebewesen hat die Geschichtsschreibung der Menschen so nachhaltig beeinflusst wie das Pferd. Als Kriegswaffe, Transportmittel, Reittier und manchmal auch als Nahrungslieferant hat es über das Schicksal von Völkern bestimmt, über Sieg oder Niederlage und über Leben und Tod entschieden. Fünf Jahrtausende lang arbeitete es für die Menschen und verlor dann in wenigen Jahrzehnten völlig seine militärische, kommerzielle und ökonomische Bedeutung. Dass es nicht gänzlich aus dem Leben der europäischen Kulturvölker verschwand, liegt daran, dass wir das Pferd neu entdeckt haben. In gewissem Sinne arbeitet es mehr denn je für uns. Es hilft uns, unsere Erfahrungen in einer technisierten und digitalisierten Gesellschaft zu verarbeiten, die traurig und krank macht. Pferde sind zu Faktoren einer Kompensation geworden zum Ausgleich für unseren extremen Stress in allen Bereichen des Lebens, vom Kindergarten bis zur Rente. Sie helfen uns als Freizeitpartner, Therapeuten und Partner im Sport und heilen die Wunden unserer Seelen. Wir wären keine erfolgsorientierte Industrienation, wenn wir nicht auch in unserer freien Zeit Erfolge erringen möchten. So ist der Freizeitsport zu einem Leistungssport geworden. Das sieht man an den vielen Tränen, die auf den Turnieren über die Niederlagen vergossen werden. Und hier wiederum ist uns das Pferd ein treuer Partner geworden. Es kämpft mit uns um Punkte, springt über mächtige Hindernisse und führt im Gleichtakt zur Musik haargenau vorgeschriebene Figuren voller Anmut und Grazie aus.

Einst domestizierte und dominierte der Mensch das Pferd, denn erst als es sich in seiner Gewalt befand, in den Wagenseilen oder unter dem Sattel, war es für den Menschen nutzbar. Doch sobald es den Stricken dieser Knechtschaft entkommt, verwandelt sich das Pferd wieder in ein wildes, freies Wesen. Denn seine wirkliche Schönheit, seine Grazie, die Vollkommenheit seines Körpers, seine Bewegungen entfalten sich nur in Freiheit, wenn sein Blick in die Ferne schweifen kann. In Freiheit wird das Pferd wieder zu einem mythologischen Fabelwesen, anbetungswürdig schön, mit göttlicher Würde, geboren aus den Fluten des Meeres. Die Götter haben ihm die Fähigkeit verliehen, dahinzufliegen über die Erde, schwerelos und leicht.

Jeder Mensch, der mit einem Pferd umgehen darf, verspürt diesen göttlichen Funken und wenn er sich auf den Rücken des Pferdes schwingt und eins wird mit seinem Körper, dann hat er einen anderen Zugang zur Welt und zu sich selbst. Manche sind sich dessen bewusst, andere erleben es unbewusst und für viele ist es eine verschlossene Tür. Wem das Geschenk gemacht wurde, Pferde zu verstehen und lieben zu dürfen, der sollte glücklich darüber sein, denn es gibt seinem Leben einen tieferen Sinn.

Das Universum der Pferde ist, wo immer man es betritt, voller fantastischer Geheimnisse, die es zu entdecken gilt. Dies kann in exotischen Ländern sein oder auf der Weide nebenan. Für viele junge Menschen ist ein Besuch im Haupt- und Landgestüt Marbach, ein Spaziergang über die Weiden, die Betrachtung der jungen Fohlen und die ganze Atmosphäre ein sehr prägendes Erlebnis. Vor allem die berühmte silberne Araberherde des Gestütes ist besonders faszinierend. Die zierlichen neugeborenen Fohlen mit ihren großen Augen und ihrer filigranen Erscheinung scheinen die Herzen der Kinder ganz speziell zu berühren. Manche vergessen sie nie und kommen dann viele Jahre später zurück, um hier ihre Berufsausbildung zu machen. Marbach hatte sie so gepackt, dass sie sich keinen anderen Ort und keinen anderen Arbeitsbereich vorstellen konnten.

Von diesen Menschen werden Sie in diesem Buch lesen und viele andere Geschichten von Menschen und Pferden und ihrer schicksalhaften Verbundenheit erfahren. Es gibt wohl kaum einen Ort in Deutschland, der so intensiv und eindringlich wie Marbach diese Verwobenheit schildert.

g. boiselle

Schwarzwälder Kaltbluthengst „Revisor" mit PWM Martina Bleher.

MARBACH – ein Teil der europäischen Staatsgestüte

Staatsgestüte sind Relikte aus einer anderen Zeit. Sie sind eine Art Zeitmaschine, denn sie haben uns Rassen und Pferde gerettet, die ansonsten schon verloren gegangen wären.

Vor einigen Jahrhunderten noch kannte man keine kontrollierte Pferdezucht. Die Stuten lebten mit den Hengsten auf großen Weiden zusammen, bewacht von Reitern, die dafür sorgten, dass sie sich nicht aus einem bestimmten Gebiet entfernten. Die Nachzucht war eher dem Zufall oder dem stärksten Hengst überlassen. Man fing die jungen Pferde nach einigen Jahren aus der Herde heraus und ritt sie ein.

Wohl durch die maurische Kultur von Spanien ausgehend wandelte sich diese Einstellung, und man wurde mehr und mehr darauf bedacht, nur die besten Hengste mit bestimmten Stuten zu paaren. Diese Weisheit hatten die Beduinen der arabischen Wüste schon lange erkannt, denn die Stammbäume ihrer Pferde waren damals schon lückenlos über Jahrhunderte hinweg belegt. Entweder gab es mündliche und eine Art eidesstattliche Überlieferung, oder man hatte die Stammlinien auf Lederhäuten aufgezeichnet. Diese Dokumente gehörten zum kostbarsten Besitz des Stammes, manche davon sind kalligrafische Meisterwerke, die heute in Museen ausgestellt werden. In den Jahren 1410 bis 1500 sind erste Aufstallungen von Stuten in Europa belegt und die Bedeckung von Hengsten an der Hand. Im 16. Jahrhundert begannen dann Kaiser und Könige, Landesfürsten und Adlige Pferdezucht im großen Stil zu betreiben, denn es gab noch einen weiteren Grund für das Aufkommen großer Gestüte: Nach der Zerschlagung des Reiches von Kaiser Karl V. flackerten überall Machtkämpfe auf, und es wurden viele Kriege ausgefochten. Dies erforderte eine immer schlagkräftigere und größere Kavallerie, doch dafür fehlte oft der Nachschub an Pferden. Um diesen zu sichern und geeignete Pferde in großer Zahl zur Verfügung zu haben, wurde die Pferdezucht effizienter gemacht.

Unter den ersten namhaften Staatsgestüten, die es heute noch gibt, sind Lipica in Slowenien, Kladruby in Tschechien, Marbach in Deutschland und Haras du Pin in Frankreich zu finden. Der Einfluss der spanischen oder neapolitanischen Pferde war beherrschend, die wie in Lipica die gesamte europäische Pferdezucht dominierten.

Der französische Sonnenkönig Ludwig XIV. gab im Jahre 1665 seinem Finanzminister Colbert den Auftrag, eine staatliche Gestütsverwaltung einzurichten und war damit richtungsweisend für ganz Europa.

Aus den privaten Gestüten des Adels und der Höfe wurden zwischen dem 16. und 18. Jahrhundert mehr und mehr staatlich organisierte Gestüte. Die Stuten standen nicht in Einzelboxen wie heute, sondern sie hatten große Laufställe zur Verfügung, in denen sie ihre Fohlen zur Welt brachten.

ESSA
European State Studs

Den Tag verbrachten sie auf der Weide, die kalten Nächte im Stall. Dann ging man einen Schritt weiter und beurteilte die Fohlen, danach selektierte man die besten Väter und Mütter. Diese Auswahl war die Grundlage der modernen Pferdezucht. In friedlichen Zeiten tauschten die Kaiser- und Königshöfe Pferde untereinander aus und zahlten durchaus auch hohe Summen für besondere Pferde wie Isabellen und Tigerschecken. Kostbarstes Beutegut bei einem Kriegszug waren immer die Pferde der Gegner. Die Mitteleuropäer hatten aus den Kriegen mit den Hunnen und den Mauren sehr viel über flexible Kriegsführung und die Strategien der Kavallerie dazugelernt und versuchten leichtere und rittigere Pferde zu züchten. Schwere Rüstungen und schwere Pferde gehörten der Vergangenheit an. Einige arabisch geprägte Pferde waren während der Kreuzzüge schon erbeutet worden und beeinflussten eine geringe Population von Pferden. Doch jetzt setzte eine weitere Welle der Arabisierung ein.

Man sandte größere Expeditionen nach Syrien und Palästina, also in den Vorderen Orient, zum Ankauf von arabischen Pferden bei Beduinenstämmen und auf Pferdemärkten wie in Aleppo. Dies war damals eine gefährliche, lange und vor allem wagemutige Reise, von denen es schillernde Berichte gibt. Ebenso wichtig war es dann, die Pferde wohlbehalten über Land- und Seewege nach Europa zu transportieren. Die kostspieligen Abenteuer wurden von Erfolg gekrönt, hatte man doch mit der Zeit einige wirklich eindrucksvolle arabische Vollblüter erworben. Diese Veredlerhengste sind heute die Grundlage der modernen Pferdezucht in Europa. Aus der Anpaarung arabischer Hengste oder Turkmenen mit englischen Stuten ging auch die Rasse des Englischen Vollbluts hervor. Doch man war nicht so sehr daran interessiert, in Europa ein reinblütiges, arabisches Gestüt zu etablieren.

Friedrich Wilhem I. (1713–1740) sah die Notwendigkeit, ein zähes und leistungsbereites Armeepferd zu züchten und gründete im Jahre 1732 die Preußische Gestütsverwaltung mit dem Auftrag, Zuchstätten einzurichten. Damals entstand das Gestüt Trakehnen am äußersten Zipfel Ostpreußens, das eine der wichtigsten Pferderassen Europas hervorbringen sollte.

Doch alle Pferderassen sind in ihren Abstammungen mehr oder weniger verflochten und verwoben. Daher gibt es kaum ein größeres europäisches Kulturgut als das Pferd. Es hat in sich spanische, englische, französische, slowenische, polnische, deutsche und viele Gene mehr. Nicht zuletzt fließt in seinen Adern das Blut der arabischen Ahnen. Es ist das Resultat der historisch europäischen Entwicklung mit all ihren Kriegen und strategischen Eheschließungen, ihren gesamten politischen Verquickungen ... und es hat bis heute überlebt. Manche speziellen, ehemals beliebten und verbreiteten Rassen wie die Altkladruber, Altwürttemberger, Moritzburger, Schwarzwälder Kaltblüter oder die Shagya Araber gibt es heute nur in einer geringen Anzahl, doch sie existieren noch. Andere wiederum, wie die Lipizzaner, erleben geradezu eine Renaissance. Wenn die Zucht einer alten Blutlinie einmal zerstört wurde, ist sie unwiederbringlich verloren und mit ihr Hunderte von Jahren an Zuchtarbeit.

Der Erhalt der Staatsgestüte ist eine wichtige Aufgabe, denn kaum eines der Gestüte kann heute von dem leben, was es durch den Verkauf seiner Pferde erwirtschaftet. Für viele alte Pferderassen gibt es keinen großen Markt. Die Funktion und der Schwerpunkt der Staatsgestüte hat sich verändert: Heutzutage bieten sie vermehrt Lehrgänge an, haben ihre Anlagen und Zuchtprogramme modernisiert und sich dem Tourismus geöffnet. Sie begeistern viele Pferdefans durch vielfältige Schauprogramme und versuchen auf vielen verschiedenen Ebenen wettbewerbsfähig zu sein. Die Staatsgestüte sind außerdem hochmoderne Reproduktionszentren geworden, mit neuesten Technologien für die Besamung von Stuten und der Konservierung von Samen. Sie unterhalten Samenbänke und Verwaltungszentren für Abstammung von Pferden und Datenbänke für Mikrochips. Dennoch sind sie auf Subventionen aus den Staatskassen angewiesen, um ihre historischen und oft unter Denkmalschutz stehenden Gebäude und eine Bandbreite von züchterisch notwendigen Stutenlinien und Hengsten zu erhalten. Akuter Geldmangel hat schon einen großen Teil der Staatsgestüte, besonders im östlichen Europa, verschwinden lassen. Frankreich reduziert seine Gestüte und das einzige schweizer Staatsgestüt für Freiberger Pferde in Avenche stand schon mehrmals vor dem Aus. Wenn man der Politik nicht klarmachen kann, dass Staatsgestüte ebenso wichtig sind wie beispielsweise Staatsopern, werden wir auf Dauer ein wichtiges historisches Kulturgut verlieren.

Aus dieser Situation heraus haben sich die Direktoren vieler europäischer Staatsgestüte zusammengeschlossen und die „European Statestud Association" (kurz: ESSA) gegründet. Sie bemühen sich, der breiten Öffentlichkeit bewusst zu machen, dass die Pferde und die historischen Gestüte, in denen sie gezüchtet werden, ein wichtiger Teil des europäischen Kulturerbes sind.

Auch hier erweist sich das Haupt- und Landgestüt Marbach als federführend, denn das Büro der ESSA ist in Marbach angesiedelt und Landoberstallmeisterin Dr. Astrid von Velsen ist deren Geschäftsführerin. Eine bedeutende Verantwortung und ebenso große Herausforderungen stehen ihr und dem Präsidenten der Vereinigung, Bernard Maurel sowie den Mitgliedern aus den zahlreichen europäischen Staatsgestüten in Zukunft bevor, um dieses wundervolle Erbe Europas zu erhalten.

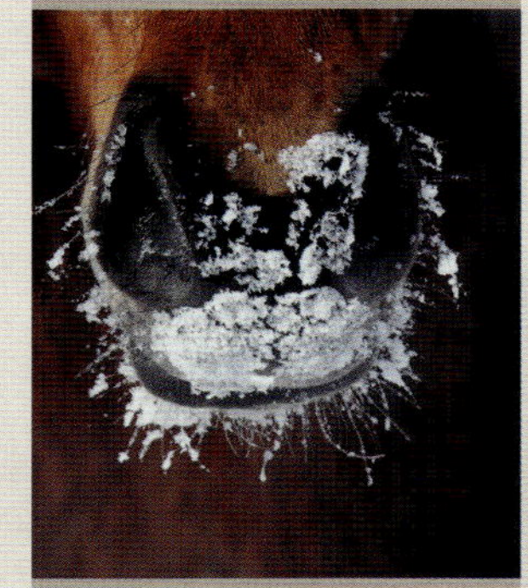

INHALT

INHALT

Die Württemberger Warmblüter „Graf Caribo“ und „Diseur“.

Das Haupt- und Landgestüt Marbach

EIN HISTORISCHER ÜBERBLICK

Das goldene Brandzeichen Marbachs begrüßt die Besucher schon am Eingangstor. Dahinter verbirgt sich eine Institution mit jahrhundertelanger Tradition und ein lebendiges Gestüt, auf dem täglich viel gearbeitet wird.

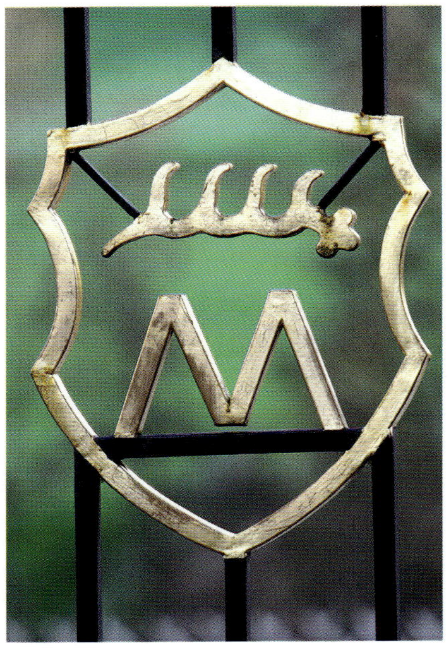

Trotz der eher kargen Landschaft und des rauen Klimas auf der Schwäbischen Alb blickt die Pferdezucht in Württemberg auf eine jahrhundertelange Tradition zurück. So ist es nicht verwunderlich, dass das Haupt- und Landgestüt Marbach das älteste Staatsgestüt Deutschlands ist und neben dem Schweizer Klostergestüt Einsiedeln sogar zu einem der ältesten Europas zählt. Natürlich gab es schon weit vor der Gestütsgründung in Marbach und Umgebung einzelne Hofhaltungen, fürstliche Pferdezuchten und „Fohlen- und Stutengärten", denn sogar der Name der heutigen Landeshauptstadt „Stuttgart" geht auf einen ehemaligen „Stutengarten" von 955 zurück. Damals spielte das Pferd als Transportmittel und in der Landwirtschaft eine enorm wichtige Rolle und war im Alltag der Menschen über viele Jahrhunderte absolut unentbehrlich.

Das genaue Gründungsdatum des Marbacher Gestüts ist zwar bisher unbekannt, aber aus einem Schriftstück von 1514 über eine Gomadinger Gerichtsverhandlung um den Bauern Sixt Schmid, dem eine Beteiligung am Bauernaufstand vorgeworfen wurde, geht hervor, dass im Sommer des besagten Jahres schon ein Gestüt in Marbach an der Lauter existiert haben muss. Da dies die erste nachweisbare Erwähnung des Gestütes ist, hat man dieses Datum zur Grundlage des 500-jährigen Gestütsjubiläums gemacht, doch wahrscheinlich ist es sogar noch wesentlich älter. So wird ein Hofgestüt im Oberfeld bei Marbach, das 1491 als provisorischer Ersatz für das Hofgestüt Einsiedel bei Tübingen eingerichtet wurde, als Vorläufer des Marbacher Gestüts angesehen. Sicher ist jedoch, dass Mitte des 16. Jahrhunderts das Hofgestüt Oberfeld aufgelöst und die Pferde in das Gestüt Marbach umgesiedelt wurden. Eine erste Blütezeit in der württembergischen Pferdezucht gab es unter Herzog Christoph und dessen Sohn Ludwig. Im Jahr 1573 erhält Marbach dann offiziell die Funktion eines Hof- und Landgestüts und die Pferdezucht wurde, wie es in dieser Zeit Mode war, vermehrt auf Neapolitaner und iberische Pferde ausgerichtet.

Das 17. Jahrhundert brachte für Marbach viele Höhen und Tiefen mit, denn zu Beginn dieses schicksalhaften Jahrhunderts wütete auch in Württemberg der 30-jährige Krieg mit all seinen Zerstörungen und auch von der großen Pestepidemie wurde die Schwäbische Alb nicht verschont. Zahlreiche Pferde und Menschen verloren in diesem Krieg ihr Leben und die Gestütshöfe Marbach und Güterstein wurden 1635 nahezu vollständig zerstört. Das Land war fast entvölkert und es herrschte ein solcher Mangel an Pferden, dass sogar Kühe vor den Pflug gespannt werden mussten, um die Felder überhaupt bewirtschaften zu können. Durch die Flucht Herzog Eberhards III. von Württemberg nach Frankreich verlor Marbach die Funktion eines Hof- und Landgestüts, die es erst 1685 wieder erhielt.

Doch unter dem Wirken des Gestütsleiters Levin Freiherr von Kniestedt wurden die zerstörten Gestütshöfe wieder aufgebaut. Ab 1672 begann sich die Zucht wieder zu erholen und die Zahl der Beschäler und Mutterstuten in Marbach stieg langsam an. Um eine gute Grundlage für den Wiederaufbau einer Landeszucht zu schaffen und diese in geregelte Bahnen zu lenken, wurde im Jahr 1687 eine erste „Württembergische Gestütsverordnung" erlassen, die den Einsatz von Hengsten und Stuten zur Zucht regelte. Mit dieser Verordnung gab es erstmals eine Art Körung oder Leistungsprüfung für die Zuchtzulassung von privaten und gestütseigenen Hengsten. Eine florierende Pferdezucht und ein großer Be-

stand an Pferden für die fürstlichen Streitmächte war zu dieser Zeit von entscheidender Bedeutung für die verschiedenen Adelsgeschlechter. Und so hatten auch die Württemberger Herzöge ein großes Interesse daran, den Pferdebestand im eigenen Land auszubauen und die Zucht von geeigneten Rassen zu fördern. In den folgenden Jahrzehnten wurde die Pferdezucht nach den verschiedenen „Moden" der Zeit ausgerichtet und die Württemberger Pferde wurden mehr oder weniger erfolgreich durch die Einkreuzung verschiedener Rassen des ganzen Kontinents beeinflusst. Nicht alle kamen mit den klimatischen Bedingungen auf der Alb zurecht und die Erfahrungen zeigten, dass vor allem Pferde aus den fruchtbaren Marschgebieten für die Marbacher Zucht nicht einsetzbar waren. Dennoch florierte der Handel mit Pferden aus Württemberg. Ende des 18. Jahrhunderts hatte das Herzogtum einen Bestand von ca. 80.000 Pferden, darunter 190 Staatshengste, die auf 36 Deckstationen im Land verteilt waren. Als König Friedrich II. von Württemberg 1811 ein großes Heer für den Russlandfeldzug seines Verbündeten Napoleons aufstellen musste, fand er ideale Bedingungen vor, um geeignete Remonten und Pferde für diesen Kriegszug zu finden. Mit 15.800 Männern und fast ebenso vielen Pferden zog er dann an der Seite des napoleonischen Heeres nach Russland.

Man sagt, dass von dieser großen Streitmacht nur 500 Soldaten zurück nach Württemberg kamen.

Tausende Menschen und Pferde verloren ihr Leben auf den Schlachtfeldern und so war das noch junge Königreich, das nach den Befreiungskriegen und nach dem Tod Friedrichs II. an seinen Sohn Wilhelm I. fiel, wieder einmal arm. Die Bevölkerung litt unter den Nachwirkungen des Krieges und zahlreicher Missernten und Hungersnöten. Bei seinem Amtsantritt im Jahr 1812 waren die Staatskassen leer und so sah sich König Wilhelm der I. von Württemberg veranlasst, die Landwirtschaft seines Reiches neu zu strukturieren. So versuchte er, die Wirtschaft und den Handel im Königreich Württemberg wieder aufzubauen und die Bevölkerung vor dem Hungertod zu bewahren. In diesem Zuge reformierte der König im Jahr 1817 auch das gesamte Gestüts- und Beschälwesen in der Landeszucht und führte die Trennung von Hof- und Landgestüt ein. Das königliche Hofgestüt wurde nach Weil und Scharnhausen verlegt, und dort widmete sich Wilhelm I. ausschließlich der Zucht rein arabischer Vollblüter, die er zu großer Berühmtheit führte. Die Gestütshöfe Marbach, Offenhausen, St. Johann und Güterstein wurden zu einem Stammgestüt Marbach zusammengefasst und sollten von nun an rein der staatlich geführten Landespferdezucht dienen. Marbach wurde dem Ministerium des Inneren unterstellt und eine eigens eingesetzte Landesgestütskommission wachte über die züchterischen Entscheidungen, die Verwaltung, den Betrieb und die Wirtschaftlichkeit des Gestüts. Wilhelm I. versprach sich von diesen Reformen nicht nur eine enorme Entlastung seines königlichen Haushalts, sondern auch eine deutliche Verbesserung der Pferdezucht, die mehr auf die Anforderungen der Landwirtschaft ausgerichtet werden sollte und somit der Stärkung der Bauern und es Landes zugute kam. Sein persönlicher Einsatz für die Bauern, die Pferdezucht und die Landwirtschaft brachte ihm den großen Respekt der Württemberger ein, die ihm den Beinamen „Rex agricolorum" (König der Bauern) gaben. Einige Reformen und Neuerungen, die Wilhelm I. einführte, haben sogar bis heute Bestand, wie z.B. das alljährliche Volksfest auf dem „Cannstatter Wasen", das heute zu den größten Volksfesten der Welt zählt. Ursprünglich war dieses der größte Bauernmarkt im Land zum Verkauf, zur Präsentation und Prämierung von Nutztieren. Auch heute noch ist die landwirtschaftliche Leistungsschau ein wichtiger Bestandteil des Festes.

Doch Wilhelm I. fühlte sich nicht nur als Regent der Pferdezucht pflichtmäßig verbunden, sie war seine Leidenschaft, die er schon als Kronprinz mit einem kleinen, eigenen Gestüt gepflegt hatte. Besonders die edlen und ausdauernden arabischen Vollblüter hatten sein Herz erobert. Mit seiner privaten Zucht im königlichen Gestüt Weil setzte er Maßstäbe und beeinflusste die Pferdezucht in ganz Europa. Auch die Landespferdezucht profitierte von seinen zukunftsweisenden Reformen, die sehr viel Pferdeverstand und Weitblick erkennen ließen. Im Zuge der Verstaatlichung wurden die vorhandenen Zuchthengste in Marbach gemäß ihrer Verwendung in drei Klassen eingeteilt: Schwerer Wagenschlag, Mittlerer Wagenschlag und Leichter Schlag. Letzterem wurden die edleren und eleganteren Pferde zugeordnet, die zur Veredlung eingesetzt wurden. Die Qualität der Pferde wurde stetig verbessert und das Gestüt Marbach erlebte eine neue Blütezeit, die mit einigem „Auf und Ab" bis heute anhält. Auch wenn das Marbacher Gestüt zur Zeit Wilhelms I. schon einige Jahrhunderte existierte, kann er doch als der eigentliche „Vater" des Haupt- und Landgestütes angesehen werden – zumindest in der Form, wie wir das Gestüt heute kennen.

Geschichte Marbachs in ZAHLEN

12. Jahrh.	Gründung des Klosters St. Maria Gnadenzell (das heutige Offenhausen)
1240	Marp(p)ach, Gravenecker Lehen, wird erstmals als Pfarrei genannt
1441	Güterstein wird Kartause
1477–1480	Graveneck mit dem Lehen Marbach wird von Graf Eberhard V. angekauft
1491	Gründung eines Gestüts im Oberfeld bei Marbach als Ersatz für das Hofgestüt Einsiedel
1496–1498	Das Lehen Marbach wird von Herzog Eberhard II. vom Kloster Offenhausen zur Vergrößerung des Gestüts zurückgekauft
1514	Erstmalige Erwähnung eines Gestüts in Marbach in einem Schriftstück der Gemeinde Gomadingen
1537–1542	Die Klöster Offenhausen und Güterstein werden reformiert und aufgelöst.
1550–1554	Das Gestüt Oberfeld wird nach Marbach verlegt. Der bereits bestehende Fohlenhof in Güterstein wird erweitert.
1573	Marbach erhält die Funktion eines Hof- und Landgestütes
1575	In Offenhausen wird ein Fohlenhof errichtet.
1635	Zerstörung Marbachs und Gütersteins im 30-jährigen Krieg
1657	Wiederaufbau des Fohlenshofs Güterstein
1674	Wiederaufbau des Hofgestüts Marbach und Errichtung von Fohlenställen in St. Johann
1687	Erste Beschälordnung in Württemberg
1720	Errichtung des Fohlenhofs bei St. Johann
1817	Trennung von Hof- und Landgestüt und Verstaatlichung des Landgestüts. Verlegung des Hofgestüts nach Weil. Dem Landgestüt werden die Gestütshöfe Marbach, Offenhausen, St. Johann und Güterstein zugeteilt.
1818	Erste staatliche Beschälordnung
1867–1888	Einfuhr von Anglonormänner Hengsten (Faust) und Stuten sowie von ostpreußischen Stuten
1888–1950	Aufbau und Konsolidierung der Zucht eines bodenständigen württembergischen Warmblutpferdes unter den Landoberstallmeistern v. Hofacker, v. Scholl, v. Pentz und Storz
1932	Die Vollblut-Araberzucht des königlichen Privatgestüts Weil wird nach Marbach verlegt
1953–1955	Ablösung der staatlich geförderten Privathengsthaltung im Landesteil Baden durch Stellung von Hengsten des Landgestüts Marbach
1960–1965	Der 1938 in Ostpreußen geborene Hengst Julmond wird Hauptbeschäler in Marbach
Seit 1965	Konsolidierung der baden-württembergischen Pferdezucht mit dem Zuchtziel des „Deutschen Reitpferdes“
1973	Bau der großen Reithalle mit Tribüne.
1978	Bau des Hengstparadeplatzes
1979	Das Gestüt Marbach wird überbetriebliche Ausbildungsstätte im Beruf Pferdewirt
1987	Die frühgotische, ehemalige Klosterkirche in Offenhausen wird als Gestütsmuseum eröffnet
1991	Errichtung einer Besamungsstation für Pferde in Offenhausen
1992	Die Landesreitschule des Haupt- und Landgestüts nimmt ihren Lehrbetrieb im ehemaligen Pferdezentrum des Pferdezuchtverbandes auf.
1996	Marbach wird Landesbetrieb Baden-Württembergs
2005	Das Modernisierungskonzept „Marbach 2009“ tritt in Kraft Offenhausen wird EU-Besamungsstation
2006	Das Haupt- und Landgestüt Marbach wird gemeinsam mit dem Pferdezuchtverband Baden-Württemberg e.V. und dem Pferdegesundheitsdienst „Kompetenzzentrum für Pferdezucht- und Pferdehaltung Baden-Württemberg“
2007	Der Pferdezuchtverband Baden-Württemberg e.V. verlegt seine Geschäftsstelle in die Räume der Landesreitschule in Marbach

König Wilhelm I. von Württemberg auf seinem Araberhengst „Bairactar".
Ölgemälde von Albrecht Adam (1786-1862).

„Wie es König Wilhelm wohl gesehen hätte ...“

So blicke ich nun mit grossen Freuden und Erstaunen auf ein praechtig gediehenes Gestüt, welches meinem Werke zu Grunde liegt. Wohl habe ich mir anno 1817, als ich des Gestütes Neuordnung verfügt habe und neue Bauten errichten lies, schon meine Gedancken in die Zukunft schweifen lassen und mich gefragt, ob wohl mit Gottes Gnaden meine Nachkommen mein Werck mit Fleiß und Hertz würden fortführen wollen. Auch meynem geliebten und ach so geschundenen Württhemberg galt meine Sorge, ob es gedeihe und zur Ruhe kommen würde und ob die Menschen, meine Unterthanen, der Noth würden entfliehen und Frieden finden können.

Um so angenehmer ist mir nun der Anblick, wie alles so wohlgerathen ist und welch gewaltige Entwicklung von Statten ging. Und die Freude laesst mein Hertz frohlocken, wenn ich die edlen arabischen Rösser mit ihren feinen Köpfen und den ebenmaessigen Körpern betrachte, die sich auf den alten Wiesen tummeln. Es scheint mir, sie entwickeln sich praechtig hier auf der Alb und haben eine neue Heimat in Marpach gefunden. Um sie, meine aecht arabischen Hengste und Stuten habe ich mich in besonderem Maße gesorgt. Musste ich doch darum fürchten, dass meine Kinder und Kindeskinder sich ihrer nicht mit der meinigen Passion und Liebe würden widmen wollen. Doch nun wird mir leicht um mein altes Hertz, wenn ich in den edlen Stuten die Züge meiner geliebten „Murana I“ zu erkennen glaube und mein Blick den kleinen arabischen Fohlen folgt, die mit Freuden über die Weyden laufen. So hat sich mein Lebenswerck gelohnet, mit all den Mühen die orientalischen Rösser nach meinem Lande Württhemberg zu transferieren.

Wie sehr gewandelt haben sich auch die ehrwürdigen Gebäude, Ställe und sogar die Pferde der Württemberger Rassen. Mich dünkt, sie würden wendige und schnelle Reittiere für die soldatischen Truppen ergeben, doch für die Arbeit auf dem Felde wären der Rösser Knochen doch ein wenig zu schwach. Mich freuet ganz ungemein, die alten Märgener Wälderpferde zu sehen, doch es scheint mir, auch sie ziehen nicht mehr den Pfluge durch die Ackerscholle des Landes. Zu gerne würde ich ein wenig Lustwandeln durch die Hallen des Marpacher Gestüts und mit meyner Hand das samptene Fell der stolzen Hengste erfühlen, doch es ist mir leyder nicht erlaubet, erneut auf Erden zu wandeln. Und was hat diese irdene Welt sich doch für meine königlichen Augen verändert. So sehr, dass mein Geist die vielen Neuerungen nicht mehr zu erfassen mag. Die Reitersleute sind heute nicht mehr vorwiegend von adeligem Geblüte und unzaehlige Menschen, ja sogar ganze Familien reisen heran und schauen die edlen Rösser auf den Weiden und bei großen Festivitaeten an. Man stelle sich vor, sie fahren in Kutschen ganz ohne Gespann!

Doch großer Stolz erfüllt meyn Hertz, sind es noch immer die Statuten aus der meinigen Regentschaft, die heute noch zum Wohle der Pferde von grosser Wichtigkeit und Gültigkeit sind. Es ist ein herrliches Gestüt, ein Garten Eden für die Pferde, dessen Anblick mich erfreuet und ich kann nur mit Gottes Gnaden sagen

Es ist wohl getan!

König Wilhelm I.
von Württemberg

Die JAHRESZEITEN *in Marbach*

Die vier Jahreszeiten sind das große universelle Uhrwerk, das den Lauf der Dinge bestimmt, nicht nur in der Natur, sondern auch ganz besonders auf einem Gestüt. Nach elf Monaten, meist noch im Winter, bekommen die Stuten ihre Fohlen. Ihr Heranwachsen im Frühling, die herrliche Zeit auf den Weiden im Sommer, dann die Trennung von den Müttern im Herbst, all dies passiert im Einklang mit der inneren und äußeren Uhr. Jedes Jahr zur gleichen Zeit wiederholen sich die selben Rituale: Die Hengste beispielsweise spüren genau, wann der richtige Moment für die Bedeckung der Stuten kommt. Es gibt die stillen Zeiten und es gibt die lebendigen Zeiten, voller Aktivitäten für Pferde und Menschen. Im Sommer präsentiert sich das Gestüt stolz mit vielen Festivitäten und Veranstaltungen den Besuchern. Danach färbt sich die Alb festlich bunt, die ersten Nebel liegen in den Tälern und die Nächte werden deutlich kälter. Die Pferde legen sich einen Winterpelz zu, die Stuten bekommen dicke Bäuche und man wartet auf den Schnee und die neuen Fohlen.

Wenn sich die Stutenskulptur mit dem trinkenden Fohlen, die den Brunnen im Gestütshof ziert, einen weißen Mantel zulegt, dann herrscht Winter auf der Alb.

Der Gestütshof Offenhausen wirkt malerisch in seiner weißen Pracht. Bild rechts: Auf dem Vorwerk Hau galoppieren die Junghengste durch den neuen Pulverschnee.

WINTER

Schneezauber in Marbach

Winter auf der Schwäbischen Alb: Eine glitzernde Schneedecke hüllt die Landschaft ein und hat die Gebäude mit einer dekorativen weißen Haube überzogen. Aus den Kaminen der Fachwerkhäuser steigt Rauch empor und in den Stuben ist es wohlig warm. Draußen knirscht der Schnee bei jedem Schritt und es ist bitterkalt, so dass man unwillkürlich den Schal enger wickelt und sich die Mütze über die Ohren zieht. Schicht um Schicht, jede Nacht wenn es schneit, wird die Schneedecke höher. Erst scheint nur die Landschaft etwas gepudert zu sein, dann wird der weiße Mantel immer dicker.

Jeden Morgen prüft Hauptsattelmeister Bauer, wie viel Neuschnee über Nacht gefallen ist, und jeden Morgen geht er in den Laufstall zu seinen Hengsten und sagt ihnen, dass sie sich noch gedulden müssen. Doch sie können es kaum erwarten und schubsen sich gegenseitig, beißen sich in die Mähnen und steigen spielerisch. Sie atmen begierig die klare und kalte Luft ein, die durch die offenen Obertüren hereinströmt und in ihren Nüstern prickelt. Hier drinnen im Laufstall liegt der Duft warmer Pferdekörper in der Luft.

Obwohl sie sich jeden Tag im Rundlauf die Beine vertreten dürfen, ist ihnen das nicht genug – sie wollen laufen! Doch Herr Bauer ist vorsichtig, er muss abwägen, wann er die Halbstarken hinaus lassen

kann auf die großen verschneiten Hänge der Alb. Der Untergrund muss gut gefroren sein, so dass die Grasnarbe nicht beschädigt wird, und die Schneeauflage muss so hoch sein, dass sie eine weiche Decke bildet. Und dennoch gibt es trotz aller Vorsicht immer wieder kleinere Verletzungen – das ist jedes Jahr so. Doch man kann und soll die jungen Pferde ja nicht in Watte packen.

Eines morgens ist es dann so weit, die Junghengste dürfen nach draußen auf die Winterweiden in den Schnee. Auch wenn sie es schon viele Male erlebt haben, ist es für die Gestüter immer wieder aufregend und etwas Besonderes: Die Türen schwingen auf, im ersten Moment stehen die Hengste wie angewurzelt still, doch es dauert nur zwei, drei Sekunden, dann läuft der Leithengst nach draußen und schon schießen alle aus dem Dunkel des Stalls in das gleißende Sonnenlicht. Mit wenigen Galoppsprüngen sind die Pferde mitten im Schnee, der noch eben unberührt da lag und auf dem sich die Sonnenstrahlen funkelnd brachen. Dann preschen die

Hengste hindurch, wirbeln Schneefontänen auf, gehen darin unter, und man hört nur ihr Keuchen und das Knirschen des Schnees unter den Hufen. Sie ziehen ihre Bahnen über die Kuppen, spuren die Landschaft, immer in mächtigen Sprüngen, die viel Kraft kosten, ausgelassen, losgelassen, losgelöst. Die Herde gleicht einem Vogelschwarm und bewegt sich synchron miteinander nach rechts und links, schwärmt aus und sammelt sich wieder.

Dann ist die Luft raus. Erschöpft bleiben sie auf der Kuppe stehen und pumpen heftig die eiskalte Luft in ihre Lungen und stoßen sie wieder trompetenartig heraus. Ihre Körper dampfen, wie ein Nebel legt sich dieser Dampf über die gesamte Herde und hüllt sie ein. Die Hengste schwitzen, und um sich abzukühlen, fängt der erste an, sich im Schnee zu wälzen, dann folgen die anderen. Der Schnee bleibt an ihren Barthaaren hängen, legt sich um ihren Körper, und in den Schweifen gefrieren die Schneeklumpen. Als hätte jemand ein Kommando gegeben, stürmen sie wieder los, hinein in die noch unberührten Flächen. Und so geht es weiter, bis die jüngsten voller Erschöpfung stehen bleiben und nur die ranghohen und starken Hengste noch Kraft haben für einen kleinen Zweikampf.

Jetzt atmen die Gestüter auf: Die erste Energie ist verpufft, jetzt kann nicht mehr so viel passieren. Dennoch ist Vorsicht geboten, allzu lange dürfen sie nicht draußen bleiben bei dem eisig kalten Wind, der über die Höhen streicht.

Und dann nach einiger Zeit muss man das Kunststück fertigbringen, sie wieder einzufangen. Doch die Hengste kennen die Stimmen ihrer Menschen, die für sie auch immer Futter und Zuwendung bedeuten. Nach geraumer Zeit zieht es sie zurück zu den Stallungen. Wenn sich hinter ihnen wieder die Türen schließen, dann atmen die Gestüter auf und die Pferde prusten zufrieden. Jetzt werden alle Hengste mit Stroh abgerieben und jedes einzelne Pferdebein auf Abschürfungen, Verletzungen oder Schwellungen untersucht, und dabei darf jeder Hengst in Ruhe sein Futter mümmeln.

Spielen, Rennen und Raufen, das ist die Hauptbeschäftigung der Halbstarken auch im Winter. Die jungen Pferde leben als Herde in geräumigen Laufställen ohne Boxen und kommen täglich an die frische Luft.

Schlittenfahrten durch die verschneite Alb

Sobald genügend Schnee die Landschaft bedeckt und die Sonne das prächtige weiße Nass wie Kristalle glitzern lässt, spannt Herr Friedrich im Gestütshof St. Johann seine Schwarzwälder Füchse vor den Schlitten. Warm eingehüllt und gut geschützt vor der klirrenden Kälte fährt er dann mit den Gästen los. Es ist immer wieder ein tolles Erlebnis, leise dahingleitend im Schlitten, die tief verschneite Winterlandschaft der Schwäbischen Alb zu entdecken. Der pulvrige Schnee wird durch die Hufe hochgewirbelt, und ein feiner weißer Dampf steigt von den Pferdeleibern auf und umhüllt das ganze Gespann. Es fühlt sich fast wie in einem Märchen an: Die Äste der verschneiten Bäume und Tannen biegen sich unter der schweren Last fast bis auf den Boden, und es herrscht eine zauberhafte Stille, die nur von dem leisen Schnauben der Pferde unterbrochen wird. Man könnte ewig so weiterfahren, doch nach einer Weile ist man froh um den Schutz der warmen Decken, denn hier auf über 800 Metern Höhe weht immer ein eisiger Wind. So ist es dann auch Zeit, zurückzukehren, die Pferde auszuspannen, trocken zu reiben und sie mit ihrem wohlverdienten Futter zu versorgen, um dann bei einer Tasse heißem Tee die wundervollen Eindrücke der Winterfahrt nachklingen zu lassen.

Ein Gestüt kennt keinen Winterschlaf

Auch wenn sich das Gestütsjahr mit dem Anbruch des Winters scheinbar dem Ende zuneigt und die öffentlichen Aktivitäten und Veranstaltungen weniger werden, gibt es auf dem Haupt- und Landgestüt Marbach keinen Winterschlaf! Die Pferde verbringen weniger Zeit draußen auf den Weiden, und so muss natürlich viel mehr gemistet werden. In den dicken Bäuchen der Mutterstuten regt sich schon wieder neues Leben. Anfang Februar werden die ersten Fohlen des neuen Jahrgangs geboren, die von den Gestütern achtsam umsorgt werden. Auch die Jungpferde brauchen viel mehr Pflege und Beschäftigung als im Sommer, wenn sie sich Tag und Nacht auf den Weiden tummeln. Wenn der Schnee und die Kälte sich wie ein dicker Mantel auf die Landschaft legen, beginnt die Zeit der Vorbereitungen für die Gestütsauktionen und die Leistungsprüfungen der jungen Pferde, die vielleicht einmal die Nachwuchsstars des Gestüts werden. Auf einem Gestüt wird es niemals langweilig!

In besonders harten Wintern hängen manchmal die Eiszapfen dick und lang vor den Gaubenfenstern der Gestütsgebäude, und jeden Morgen bangt man, ob die Wasserleitungen eingefroren sind. Doch sobald die Sonne scheint und ein wenig Wärme spendet, kommen nicht nur die Jungpferde raus auf die Koppeln, auch die Reitpferde werden gesattelt, und es geht los zu einem herrlichen Ausritt durch die wundervolle Winterlandschaft. Voller Lebensfreude galoppieren die Pferde durch den tiefen Pulverschnee, und die Wangen und Nasen der Reiter färben sich rot durch die eisig kalte Winterluft.

IM PORTRÄT

Peter Friedrich und Fleiner

Wenn der Württemberger Hengst Fleiner an der Hand von Peter Friedrich den Stutenstall der Deckstation in Biberach betritt, wächst er über sich hinaus. Seine Augen glänzen, er wirft sich in Pose, reckt den Hals in die Höhe, wiehert und tänzelt an den Boxen vorbei. Die Damen sind entweder von ihm angetan und antworten ihm leise, blähen die Nüstern, oder sie drehen sich um und treten heftig mit ihren Hufen gegen die Boxenwand. Fleiner weiß, wie er das zu deuten hat. Peter Friedrich erklärt: „... Der Hengst erkennt am Geruch und am Verhalten der Stuten, welche gerne seine Dienste in Anspruch nehmen möchten. Und er weiß, dass das „Abschlagen" der anderen Stuten bedeutet, dass sie nicht mehr in der Rosse sind oder schon aufgenommen haben ..."

Fleiner ist ein Profi und seit einem viertel Jahrhundert als Deckhengst für das Haupt- und Landgestüt Marbach im Einsatz. Während der letzten 11 Jahre kommt er immer im Frühjahr zusammen mit Peter Friedrich nach Biberach und bleibt 4 Monate auf dieser Deckstation. Er hat dort sogar schon eine richtige Fangemeinde. Natürlich ist er nicht der einzige Hengst vor Ort: Ein Schwarzwälder-Hengst und ein Nachwuchs-Hengst der jüngeren Sportpferde-Generation sind ebenfalls mit von der Partie. Zu dritt erwarten sie den Besuch der Pferdedamen, die von den privaten Züchtern per Transporter gebracht werden. Die Hengste werden in Biberach von Hauptsattelmeister Peter Friedrich betreut, einem erfahrenen Pferdemenschen, der während der Monate auf der Deckstation in der Wohnung über den Stallungen wohnt und dadurch immer genau weiß, was im Stall vor sich geht.

Diese „Männergesellschaft" versteht sich sehr gut, und abends sitzt Peter Friedrich oft bei offenen Stalltüren zwischen seinen Hengsten und spricht mit ihnen. Von Fleiner können die beiden anderen Jungspunde noch Einiges für ihren Job lernen. Wie man zärtlich mit den Stutendamen umgeht zum Beispiel.

Heutzutage kommt es immer weniger zu einem echten Decksprung, da die künstliche Besamung und der weltweite Versand von Sperma einen sehr hohen Stellenwert in der Zucht eingenommen haben. Doch auf der Deckstation im oberschwäbischen Biberach werden noch etwa die Hälfte der Stuten, die über das Frühjahr auf die Station gebracht werden, im sogenannten Natursprung gedeckt. Sobald der Hengst Fleiner seinem Betreuer Peter Friedrich signalisiert hat, dass eine der Stuten paarungsbereit ist, wird sie in den Probierstand gebracht. Dort be-

„... Man geht schon eine intensive Bindung mit den Pferden ein, wenn man vier Monate lang fast 24 Stunden am Tag miteinander verbringt ...", sagt Peter Friedrich nachdenklich.

„... Fleiner und ich, wir kennen uns in- und auswendig. Manchmal denke ich, er kann mich lesen wie ein offenes Buch. Und es überrascht mich immer wieder, wie anständig er sich benimmt, auch bei schwierigen Stuten. Manche Hengste regen sich sehr auf, wenn sie Stuten nur probieren sollen und nicht decken dürfen, doch Fleiner behält immer die Ruhe. Um so eifriger wird er jedoch, wenn er wirklich decken darf, dann wartet er aber erst auf meine Aufforderung. Wir sind einfach aufeinander eingespielt ..."

Aus Peter Friedrich spricht die Liebe, die er für den Hengst empfindet:

„... Fleiner ist routiniert und kennt die Abläufe genau. Oft schicke ich ihn aus dem Raum, in dem er gerade gedeckt hat, in seine Box zurück, und diesem Kommando folgt er, ohne dass ihn jemand führen muss. Fleiner steht dann seelenruhig in der offenen Boxentür oder „unterhält" sich mit seinen Stallnachbarn, ohne dass Stress entsteht ..."

„So manches Mal kommen Freizeitreiter nach Biberach, die sich aus ihrer Stute ein Fohlen nachziehen möchten. Sie wünschen sich ein Pferd, mit dem sie Freude beim Reiten im Gelände haben, das sich auch mal vor die Kutsche spannen lässt und das man zu Festumzügen mitnehmen kann. Also einfach ein Verlasspferd...", sagt Friedrich, „...wenn ich ihnen Fleiner dann vorstelle, mit seinem feinen Charakter und seiner Zuverlässigkeit, überzeugt er sie einfach. Ist ein Kind mit dabei, setze ich es schon mal kurzerhand ohne Sattel auf Fleiner und die Chemie stimmt sofort. Viele kommen sogar ein paar Jahre später zurück und wollen nur den Fleiner haben, weil es beim ersten Mal so gut geklappt und das Fohlen ihre Erwartungen mehr als erfüllt hat ..."

kommt Fleiner dann Gelegenheit, sie intensiv zu beschnuppern und zärtlich abzulecken. Das macht er mit großer Begeisterung, und die Stuten halten ganz still und genießen diese Sonderbehandlung. Inzwischen weiß man, dass auch für die künstliche Besamung der direkte Kontakt von Stute und Hengst sehr wichtig ist und sich die Chance der Befruchtung dadurch entsprechend erhöht. Nicht immer kommt Fleiner dann wirklich zum Decken, doch das macht ihm nichts aus, er lässt gerne auch die anderen Hengste zum Zug kommen. Bei einer künstlichen Befruchtung der Stute wird dann der Samen eines anderen Hengstes mit Eilpost von der Besamungsstation in Offenhausen angeliefert. Von dort gehen täglich Spermaportionen der besten Hengste innerhalb von Deutschland in den Kurierversand, um Stuten im heimischen Stall besamen zu können.

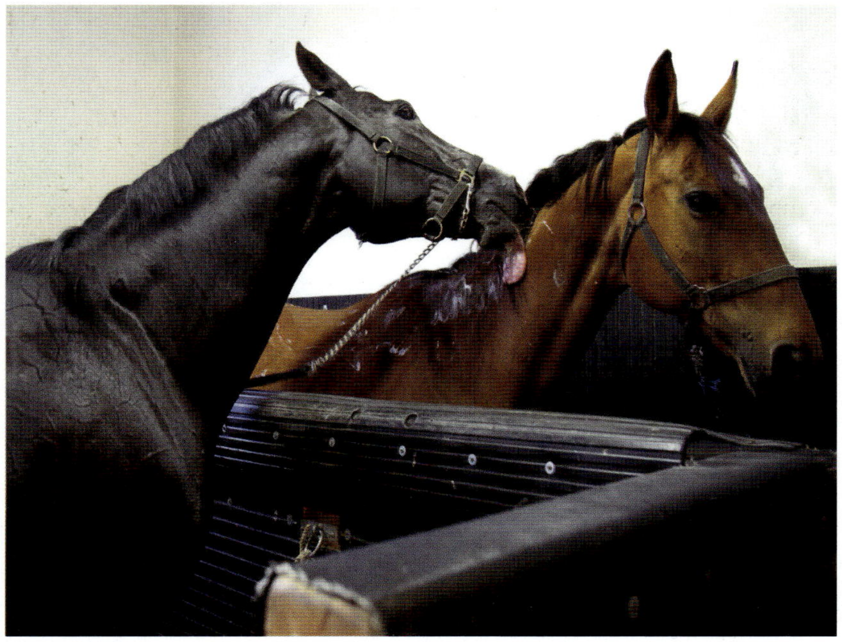

Fleiner ist nicht „irgendein" Hengst, sondern kann auf mehr als 300 Kinder zurückblicken. 1986 geboren, gehört er heute zu der alten Garde der Marbacher Deckhengste. Seine Mutter Grandezza ist eine Tochter des weltbekannten Grande. Als Fohlen wurde er von seinem Züchter August Föhr aus Erolzheim an das Haupt- und Landgestüt als Hengstanwärter verkauft. Obwohl sein Vater Flirt ein Grand-Prix-Sieger im Dressursport war, startete Fleiner seine Karriere im Springsport. Er hatte unter Helmut Hartmann beachtliche Erfolge bis hin zur schweren Klasse. Auf den Hengstparaden zeigte er sich viele Jahre als Aktionstraber, wurde in der Springquadrille eingesetzt und auch vor der Kutsche – vom Einspänner bis hin zum Zehnspänner – vorgeführt. Fleiner gilt in Marbach als echter Allrounder. Ganz besonders erwähnenswert ist bei ihm, dass er den Nachkommen fast immer seinen außergewöhnlich feinen

Charakter, seine Leistungsbereitschaft und Menschenbezogenheit vererbt.

Vielleicht ist derzeit sein etwas größerer Rahmen nicht unbedingt in Mode, doch Fleiner ist mehr als korrekt gebaut und gibt seinen Fohlen ein solides Fundament mit. Unter seinen Nachkommen gibt es Sportpferde im Fahr-, Spring- und Dressursport sowie vielseitige Freizeitpferde – alles Pferde mit guten Nerven, die den Bezug zum Menschen suchen.

„... Fleiner verkörpert zwar nicht unbedingt den eleganten und modernen Sportpferdetyp – aber er ist einfach vom Wesen her absolut klasse. Jeder, der ihn näher kennen lernt, ist fasziniert von ihm und seiner Ausstrahlung ..."

Seit 2004 hat Peter Friedrich den Hengst in seiner Obhut. „... Und er bleibt auch bei mir, solange er lebt ...", sagt der Mann mit einem verdächtig feuchten Funkeln in seinen Augen. „... Mit Fleiner sind meine beiden Töchter groß geworden, haben auf ihm das Reiten gelernt, zuerst an der Longe später dann auch frei. Man hatte immer das Gefühl, dass Fleiner auf sie aufpasst. Sie haben durch ihn so ein enges Vertrauen zu den Pferden bekommen, das so schön und wichtig ist. Meine Frau ist auch pferdeverrückt und kann meine Beziehung zu Fleiner nachvollziehen – Gott sei Dank ..."

Im Laufe der Zeit hat der Hengst sich einen Namen gemacht und ist überall wohlbekannt, ebenso wie sein Hunde-Kumpel Fly. Die beiden sind ein eingespieltes Team. Der schwarz-weiße Border Collie-Rüde hat sich selbst die Aufgabe erteilt, Fleiner wie ein Schaf zu hüten, doch der Hengst galoppiert ihm auf der Koppel immer wieder davon. Die beiden fliegen nebeneinander über die Wiese und Fly bellt dabei außer sich vor Freude. Dann kommt der Hengst zurück und stellt sich neben Peter Friedrich. Sobald dieser sich etwas hinunterbeugt, springt Fly auf seine Schulter und von dort auf den Rücken von Fleiner, der wie eine Statue dasteht. Das muss man gesehen haben, dieses Trio ist unglaublich!

Doch wenn sich Friedrich dann selbst – einfach so aus Spaß – auf den blanken Rücken des Hengstes schwingt und ganz ohne Zaumzeug losgaloppiert, mit dem Hund daneben, dann berührt einen dieses Bild bis ins Herz. Denn ist es nicht der Wunsch jedes Pferdemenschen, mit seinem Pferd eine so intensive Beziehung zu haben? Dieses wortlose Verstehen, diese Harmonie und diese große Portion gegenseitiges Vertrauen von Fleiner und Peter Friedrich ist wirklich ungewöhnlich und einzigartig.

Natürlich hat Fleiner in den letzten Jahren einige weiße Haare bekommen, sein Gesicht wurde trockener und kantiger. Dennoch sieht man ihm sein wirkliches Alter nicht an. Immerhin ist er der dienstälteste Beschäler im Marbacher Hengstkatalog.

Hauptsattelmeister Peter Friedrich arbeitet seit 30 Jahren auf dem Haupt- und Landgestüt Marbach und hat natürlich nicht nur Fleiner, sondern viele weitere Hengste auf dem Gestütshof St. Johann zu betreuen. Im Winter fährt er die Schwarzwälder vor dem Schlitten und bildet mit viel Geduld und Einfühlungsvermögen junge Pferde aus, doch mit dem alten Fleiner verbindet ihn eine ganz besondere und tiefe Freundschaft.

FRÜHLING

Fohlenzeit in Marbach

Auf der rauen Alb lässt der Frühling immer lange auf sich warten. Wenn drunten im Tal schon die Narzissen blühen, dann liegt hoch oben rund um das Gestüt Marbach meist noch Schnee, der sich besonders an den Nordhängen und am Waldrand recht lange hält. In der Nacht streift der Frost noch über den Boden und überzieht die zartgrünen Knospen und kleinen Blättchen mit einem weißen Mantel. Die Stuten sehnen sich nach der Kraft der Sonne, während die neu geborenen Fohlen schon ausgelassen durch den großen Laufstall bocken. In den ersten Wochen nach ihrer Geburt werden die jungen Fohlen noch durch einen dicken Pelz geschützt; wenn dieser dann abgeworfen wird, sehen sie manchmal ganz lustig aus, ein bisschen gerupft und zerzaust. Doch das glänzende Sommerfell wächst bereits nach und schimmert hervor.

Sie alle spüren, dass der Winter zur Neige geht, doch die Weiden sind noch zu feucht, um sie nutzen zu können. Es werden einige Wochen vergehen, bis die Gatter der Winterkoppeln dann geöffnet werden und die Herde auf das saftige und üppige Grün hinaus galoppieren kann. Blumen in allen Farben zieren das junge, frische Gras, das so hoch steht, dass die Fohlen hohe Sprünge machen müssen und spielerisch über die Rispen hinweg setzen. Bunte Schmetterlinge flattern über den geöffneten Blütenkelchen. Auch die älteren Stuten sind nicht mehr zu halten, Runde um Runde galoppieren sie über die Frühlingswiese, schlagen mit den Hinterbeinen aus und benehmen sich genauso übermütig wie ihre Fohlen. Die sind dann doch ganz schnell erschöpft von dem Tempo, das die Frau Mama vorlegt und lassen sich bald eines nach dem anderen in das Gras fallen. Dort wird erst einmal ein Schläfchen gehalten, doch selbst dann träumen sie vom Laufen und ihre Beine zucken immer wieder im Traum.

Wenn der Frühling in der Luft liegt, atmen alle Menschen und Tiere auf. Ein herrlicher Blütenteppich überzieht die Wiesen, in denen die kleinen Fohlen selig schlafen und von ihren Abenteuern träumen. Gibt es für ein Pferd einen schöneren Ort, um seine Kindheit zu verleben?

Pure Lebensfreude verspüren die Fohlen, wenn sie an der Seite ihrer Mütter über die Koppeln dahinfliegen, das stärkt die Sehnen und kräftigt die Lungen. In der Nacht kehrt die Herde in den nahe gelegenen Laufstall zurück. Davon gibt es drei auf dem Hauptgestüt und mehrere auf den Vorwerken.

Erst wenn sich ein Schmetterling auf ihrer Nase niederlässt, wachen sie auf, blinzeln verschlafen mit den Augen und lecken sich die Lippen. „Wo ist denn der Beutel mit der frischen Milch?" Diese Frage steht ihnen ins Gesicht geschrieben, und sie springen auf und begeben sich schrill wiehernd auf die Suche nach ihrer Mama, die in der Nähe genüsslich die frischen Stängel mümmelt.

Auf allen Vorwerken und bei allen Herden, die das Glück haben, draußen grasen zu dürfen, ist das gleiche Aufatmen zu spüren, dass die kalte Jahreszeit endlich vorbei ist und mit der stärker werdenden Sonne die Freiheit zurückkehrt. Die Jungpferde dürfen dann ab einem gewissen Zeitpunkt sogar Tag und Nacht auf den Weiden leben, die Mutterstuten kehren abends mit ihren Fohlen in den Sommerstall zurück.

Für die Hengste und die Ausbildungspferde bleiben oft nur ein paar Stunden Freiheit täglich im Auslauf an der Lauter.

Auch dort gibt es einige frische Grashalme, die begierig gefressen werden. Gerade im Frühjahr ist es für die Gesundheit und das Wohlbefinden aller Pferde sehr wichtig, dass sie möglichst viel draußen sind und die Sonne genießen können, denn dadurch wird ihr Stoffwechsel angeregt, und man kann spüren, wie sie sich jeden Tag wohler fühlen.

Wie überall in der Natur geraten im Frühling auch die Hengste in Wallung, und diejenigen, die im Natursprung decken dürfen, wie die Schwarzwälder Kaltblüter, freuen sich schon auf die Pferdedamen.

Der Beschälerstall des Hauptgestütes ist zu dieser Jahreszeit ziemlich leer, denn die Hengste sind auf den Deckstationen im Lande oder bei den privaten Hengsthaltern aufgestallt. Dennoch gibt es viel Arbeit auf dem Gestüt: Alles muss für den Sommer vorbereitet, die Leitungen und Koppelzäunen müssen überprüft und repariert werden. Die ersten Besucher strömen wieder in das Gestüt. Und wenn an Ostern die Sonne scheint, kommen viele pferdebegeisterte Menschen auf Fahrrädern oder zu Fuß nach Marbach, überschwemmen die Wege, setzen sich zum Picknick ins Gras, beobachten die Pferde auf den Weiden und genießen die aufblühende Landschaft. Mit ihrer oft kunterbunten Kleidung sehen sie selbst aus wie farbige Ostereier, und die Fohlen strecken neugierig ihre Köpfe durch den Zaun, um die seltsamen Gäste zu beschnuppern.

Der Frühling ist immer verheißungsvoll und vielversprechend. Die Gestüter beobachten aufmerksam, wie sich der neue Fohlenjahrgang entwickelt. Auf dem Hau wachsen die schmächtigen Jährlinge zu kräftigen Halbstarken heran, entwickeln Muskeln und schießen in die Höhe. Für die Sportpferde beginnt nun wieder die Turniersaison, und die Gestüter des Reitkommandos verladen ihre Pferde am Wochenende in den Transporter und besuchen die Reitsportveranstaltungen in der Umgebung, um sich mit ihren Pferden im sportlichen Wettkampf mit anderen zu messen. Die Lehrgänge und Kurse der Landes Reit- und Fahrschule sind voll ausgebucht, und alle Teilnehmer genießen genau wie die Pferde den intensiven Frühling auf der Alb.

SOMMER
auf der Alb

Die Brunnen waren auf dem ganzen Gestüt von großer Wichtigkeit. Sie haben alle eine Geschichte und sind kunstvoll verziert. Hier wurden die Pferde getränkt und dann in den Stall gebracht.
Der schicke Schwarzwälder Hengst „Feldbach" (Feldsee x Flamme) steht mit PW Nicole Betz-Ott im Gestütshof Marbach vor dem 1880 entstanden Hauptbrunnen.

Aus dem Brunnen in der Mitte des Hauptgestütshofs wurden früher alle Pferde getränkt. Heute freuen sich die Besucher und besonders die Kinder und Hunde über die Abkühlung, die aus den Löwenköpfen sprudelt. Wasser war schon immer ein sehr wertvolles Gut. Das Flüsschen Lauter war und ist der Garant für eine stetige Versorgung des Gestütes, auch bei längeren Trockenperioden und heißen Temperaturen.

Im Sommer beginnt das große Brummen und Summen auf den Wiesen und Weiden des Gestüts, doch es sind nicht nur fleißige Bienchen, die sich dort herumtreiben. Wenn die Fliegenplage anfängt, dann ist der Frühling endgültig vorbei. Nur am kühlen Morgen und nach Sonnenuntergang lässt das Sirren in der Luft nach. Ansonsten scheuchen die Pferde bei jedem Schritt auf der Koppel Fliegen, Bienen, Stechmücken, Bremsen und leider auch Wespen auf. Den Bienen und Hummeln gefällt die Fülle an Blumen auf den Wiesen, während die Blutsauger eher Gefallen an den warmen Pferdekörpern finden.

Die Schweife der Pferde bewegen sich unentwegt, und die Fohlen suchen Schutz an der Hinterhand ihrer Mütter, wo sie durch die langen Schweife vor den Plagegeistern geschützt sind.

Der Sommer auf der Schwäbischen Alb ist kurz, doch alle genießen ihn. Wenn die Temperaturen ansteigen, dann sorgen die Gestüter dafür, dass ihre Pferde eine Abkühlung bekommen: Nach der anstrengenden Arbeit unter dem Sattel gönnen sie ihren Pferden den Spaß, durch die kalte Lauter zu laufen. Eine kleine Furt führt am Werkshof in den kalten Bach, dessen Strömung die Pferdebeine gleichzeitig massiert und kühlt. Zunächst ist es für die jungen Pferde durchaus eine Überwindung, sich in das Bachbett hineinzuwagen, das mit Kieselsteinen angefüllt ist. Doch bald genießen sie das Planschen im kühlen Nass, spritzen vergnügt herum und schlagen mit den Vorderbeinen Wasserfontänen in die Luft.

Wie wohltuend, dass man die Jacken im Schrank lassen und in kurzen Ärmeln reiten kann.

Manche Pferde sind wasserscheu, andere lieben die Spielerei mit dem kühlen Nass. In Marbach werden alle Pferde damit vertraut gemacht. Die Lauter, ein kleines Flüsschen, das am Gestüt vorbeifließt, eignet sich hervorragend dafür, die Pferdebeine darin abzukühlen.

Auf der nächsten Seite:
Schüler der Landesreitschule lernen in Begleitung eines erfahrenen Reiters, ihr Pferd im Gelände zu kontrollieren, und genießen den Ritt durchs Wasser.

Viele Reitschüler kommen während der Sommerferien auf die Alb und erzählen noch Jahre später, wie schön es war, mit den Pferden in der Gruppe durch die sommerlichen Wiesen zu traben. Marbach inspiriert immer wieder, ob durch seine Pferde, seine Gestüter oder durch die herrliche Landschaft, in die es so idyllisch eingebettet liegt. Doch so sehr dies alles auch nach Erholung und Urlaub aussieht, so ist es doch für einen reibungslosen Ablauf im Gestütsalltag notwendig, dass überall sehr straff und zielorientiert gearbeitet wird. Zu den täglichen Pflichten im Stall haben alle noch zusätzliche Aufgaben zu leisten, die so manche Überstunde anfallen lassen. Im Büro und in der Verwaltung werden die Veranstaltungen organisiert und die Werbung dafür geplant.

Wenn man im Sommer auf den Koppeln im Gras sitzt und die Pferde beobachtet, vergisst man die Zeit. Es herrscht eine große Ruhe und es liegt ein leises Summen von Insekten in der Luft. Man hört, dass die Stuten das Gras rupfen und man sieht ab und an eine Katze über die Weide laufen.

Bild rechts: Schwarzwälder Hengst „Revisor" (E.H. Retter x Diana) knabbert genüsslich an den Blättern einer Birke.

Im Chefbüro von Landoberstallmeister Dr. Astrid von Velsen-Zerweck steht das Telefon nicht still, eine Konferenz folgt auf die andere. Besucher aus der ganzen Welt wollen empfangen werden, um Marbachs Hengste und Stuten anzuschauen. Erst wenn sich um 17 Uhr die Tore schließen, kehrt etwas Ruhe ein. Dann strecken sich die Gestütskatzen auf der Holzbank vor dem Araberstall der Länge nach aus und räkeln sich in der Abendsonne. Die Touristen und Besucher sind gegangen und Marbach gehört wieder den Pferden und Gestütern. Doch der Arbeitstag ist noch nicht zu Ende: Abendstalldienste sind noch zu machen, die Mutterstuten hereinzuholen. Ab und an hört man noch das Klapp-Klapp der Pferdehufe, denn viele Reitschüler und Gestüter sind dann immer noch im Sattel unterwegs und nutzen die schönen, langen Sommertage aus, um ihre Pferde in aller Ruhe in der Kühle des Abends zu reiten.

Arabischer Vollbluthengst „Musab ox" (NK Bolbol ox x Maasa ox).

IM PORTRÄT

Wolfgang Weber

Niemand kann sich auf dem Gestüt daran erinnern, dass Wolfgang Weber mal nicht da gewesen wäre, irgendwie ist er immer präsent. Der kleine drahtige Mann mit grauen Haaren hat immer ein Lächeln im Gesicht und einen freundlichen Gruss parat, sein Schnurrbart und die schief sitzende Gestütermütze sind sein Markenzeichen. Er hilft überall, reitet die schwierigsten Pferde, bildet die jungen Hengste für die Hengstleistungsprüfung aus und führt sie auf der Hengstparade vor. Darüber hinaus kümmert er sich um die Springausbildung, ist immer bei der alljährlichen Herbstjagd dabei und legt überall Hand an, wo er gebraucht wird. Seine immense Erfahrung und das untrügliche Gefühl, wo er wann anpacken muss – und das ohne viel Worte daraus zu machen – ließen ihn zu einem wichtigen Rädchen im Getriebe des Gestütes werden. Wenn man junge Azubis fragt, wer Wolfgang Weber ist, dann sagen sie einfach „ein Marbacher Urgestein". Wenn man ihn selbst fragt, wie lange er denn schon da ist, dann grinst er breit und meint: „... Na ja, 100 Jahre ..." Den etwas ratlosen Blick genießt er weiterhin grinsend, bevor er erklärt: „... Wissen Sie, als damals 1973 hier das 400-jährige Gestütsjubiläum gefeiert wurde, da war ich der jüngste Reiter in der großen Quadrille. Wenn wir jetzt 2014 unser 500-jähriges Jubiläum feiern, dann werde ich wohl der älteste Reiter sein. Nun gut, ich gebe zu, inzwischen wurde herausgefunden, dass Marbach 59 Jahre älter ist, als damals gedacht. Tatsächlich bin ich auch „erst" 46 Jahre im Betrieb, doch das ist auch schon ziemlich lange ..." Und wie hat dies alles angefangen? „... Nun ja, damals gab es noch keine richtige Ausbildung, man fing einfach als Hilfskraft an. Die Älteren, die schon länger im Gestüt waren, haben uns gezeigt, wie es geht, und wir haben versucht, es nachzumachen – oder es besser zu machen. Ganz einfach ...", erinnert er sich schmunzelnd und blickt in seiner Erinnerung versonnen auf das Jahr 1968 zurück.

Die Liebe zu Marbach, die sein ganzes Leben prägt, war eine Liebe auf den ersten Blick. Bei einem Schulausflug auf die Schwäbische Alb hat es das Stadtkind vom Bodensee „erwischt": „... Mit dem Zügle sind wir hierher gefahren. Als ich dann die ersten Meter durch die Stallungen lief und dann noch bei den Stuten und Fohlen auf der Weide war, da war für mich klar, dass ich hier einmal arbeiten möchte. Das war schon ein besonderer Moment in meinem Leben, dieses erste Mal in Marbach. Hier gab es Pferde, so weit das Auge schauen konnte: Die Stallungen, die Pferde auf der Weide, die alten Bäume – das alles war einfach idyllisch ..." Die alte Allee, die vom Gestütshof hoch zu Julmonds Grab führt, hat es Wolfgang Weber ganz besonders angetan. Vor allem im Herbst, wenn die Bäume im bunten Laub leuchten. „... Da muss ich immer an meine ersten Gänge rauf zur alten Hütte denken. Dort bei den Warmblutstuten und -fohlen habe ich zusammen mit

einem älteren Mann meinen ersten Sommer verbracht. Nachts hatte ich Wache. Ich habe ganz allein in dem weißen Häuschen vor dem Stall gewohnt. Und der Gang durch die Allee zum Mittagessen und abends zum Milchholen im Wirtschaftshof war die einzige Zeit, in der ich von da oben einmal wegkam ..." Er hält inne und man spürt, wie in ihm Bilder und Gefühle aus dieser Zeit hochsteigen.

„... In meiner Zeit dort oben habe ich von diesem älteren Gestüter gelernt, mit Pferden umzugehen, Stuten und Fohlen zu betreuen, die Pferde zu putzen, Hufe aufzuheben und den Fohlen die Halfter anzulegen. Nachmittags haben wir meist Zäune gesetzt und repariert – damals waren die ja noch alle aus Holz. Jeden Mittag mussten wir irgendwo Pfosten rausnehmen, Löcher graben, neue Pfosten setzen und Latten anbringen ..."

Aber als Teenager fand er natürlich immer noch Zeit, um sich mit Gleichaltrigen zu treffen: „... Unter den alten Bäumen habe ich immer Holz gesammelt, und am Wochenende haben wir dann mit den Kollegen ein herrliches Lagerfeuer gemacht, Bier getrunken und Würstchen gebraten. Diese eingeschworene Gemeinschaft war immer das Schönste ..." Von einer Fünf-Tage-Woche konnte Wolfgang Weber damals dort oben nur träumen: „... Im Gestüt hat man samstags ganz normal bis 11 Uhr gearbeitet, und im Stutenstall musste man jeden Tag arbeiten – auch an den Sonntagen. Nur jeden zweiten Sonntag hatte man frei.

Aber erst, wenn der Stalldienst beendet war. Von den zwei Leuten war immer einer den ganzen Tag da, der abends die Pferde rein ließ, zwischendurch mistete und einstreute ..."

Arbeit gab es damals wie heute genug, und sie wurde auch streng überwacht. „... Morgens mussten im Laufstall alle Pferde angebunden sein, wenn um halb acht der Chef, „der Oberhüt", der für die Warmblutstuten verantwortlich war, zum Kontrollieren kam. Der ist durchgelaufen und hat geschaut, ob jedes Pferd am richtigen Platz steht. Jedes war zum Füttern angekettet und darüber an der Wand hing die jeweilige Namenstafel, da stand mit Kreide der Name und das Geburtsjahr drauf. So ist das heute noch. Anfangs habe ich sie manchmal falsch angebunden, dann kam der Anschiss prompt hinterher ..."

Das Reiten faszinierte den jungen Wolfgang Weber am meisten, obwohl er dafür eigentlich nicht zuständig war. „... Ich habe die Stuten oben auf der Weide ohne Sattel geritten, jeden Tag ein paar – das durfte aber keiner wissen ...", verrät er verschmitzt. „... Und runtergefallen bin ich dabei oft genug. Schließlich wurden wir hier zum Arbeiten gebraucht, das Reiten war zweitrangig. Aber ich war hartnäckig. In der Reitschule konnte ich in der Abendreitstunde nur mitreiten, wenn einmal zufällig ein Pferd frei war. Auf diese Gelegenheiten habe ich immer gewartet. Im Jahr 1970 kam dann ein ganz großer Moment für mich, als ich die erste Hengstleistungsprüfung reiten durfte. Wenn man bedenkt, als ich 1968 hier ankam, konnte ich noch gar nicht reiten und zwei Jahre später ritt ich dann schon die erste Hengstleistungsprüfung mit. Das ging nur, weil ich diesen großen Drang hatte, auf den Pferderücken zu kommen, um das Gefühl von Freiheit im Galopp genießen zu können ..." Nach einer kleinen Pause meint er nachdenklich: „... das ist wohl heute immer noch so, auch wenn ich jetzt über 60 bin ..."

Er ist nach wie vor im Reitkommando aktiv und stellt die jungen Pferde auf der Hengstparade im Springen vor. Doch auch nach Dienstschluss bestimmen die Pferde sein Leben. Wolfgang Weber züchtet selbst und bildet seine jungen Pferde bis zur Turnierreife (Klasse M) aus, um sie dann zu verkaufen.

Auf die Frage hin, was sich denn auf dem Gestüt verändert hat, erinnert er sich auch etwas wehmütig an die Zeit, in der es mehr Personal gab: „... Damals konnte man sich individueller um die einzelnen Pferde kümmern, denn jeder Reiter hatte morgens Zeit, mit etwa drei Pferden zu arbeiten. Das restliche Reitkommando beschäftigte sich mit Außenarbeiten, den Grünanlagen, den Vorbereitungen für Hengstleistungsprüfungen und dem Bauen der Hindernisse im Gelände. Dann war da noch die Landwirtschaft zur Versorgung der Pferde. Wir waren auch bei der Ernte mit verantwortlich – vom Rübenhacken, über Flughaferrupfen bis hin zur Heuernte ..."

Und der wohl größte Unterschied zu früher ist, dass alles ein bisschen strenger ablief:

„... Wenn unser alter Landoberstallmeister Dr. Wenzler kam und wir Meldung zu machen hatten, dann musste man ordentlich die Kappe ziehen und in knappen Worten Bericht erstatten. Die Reitlehrer haben auch immer ganz militärisch die Hacken zusammengehauen. Bei Dr. Cranz war das dann schon anders, denn er war viel offener und sorgte dafür, dass das Gestüt mehr nach außen ging. Die Araber waren damals auch in Paris auf der Weltmeisterschaft 1985 und haben dort abgeräumt.

Dr. Cranz hat auch die Teilnahme an den ersten Turnieren und Veranstaltungen möglich gemacht. Mit den gelben Marbach-Pferdetransportern waren wir viel unterwegs. Die Leute haben sich immer gefreut, uns zu sehen, und es war toll, welchen Respekt man uns entgegenbrachte. Da haben wir, die früher nicht aus dem Lautertal hinauskamen, gemerkt, dass Marbach unheimlich geschätzt wurde, und wir waren stolz, die Gestüter von Marbach zu sein ..."

Während wir uns unterhalten, stützt Wolfgang Weber einen Fuß auf die Mistgabel, die er in der Hand hält

und lehnt sein Gesicht nachdenklich gegen das Ende des Holzstiels. Die graue Gestüterkutte geht ihm bis zum Unterschenkel, sie ist ein wenig groß, denn Wolfgang Weber hat eine eher kleine, sehnige Statur. Als er zum Abschied die Hand reicht und zum Gruß die schwarze Gestüterkappe zieht, da spürt man die Schwielen und den kräftigen Druck dieser Hand, mit der er seit vielen Jahren die Hengste führt und leitet.

Ein wenig später sieht man ihn wieder. Diesmal sitzt er wie angewachsen auf einem großen, glänzenden Fuchs, der etwas ängstlich seine Füße in das kalte Wasser der Lauter setzt. Beruhigend streicht er ihm über den Hals, der Hengst vertraut ihm und Wolfgang Weber freut sich darüber ... und er strahlt wie ein kleiner Junge, der zum ersten Mal auf einem Pferderücken sitzt.

Es ist, als ob die Wälder ihren Mantel wechseln würden: aus einem satten Grün wird ein buntes Rotgold. Wenn die Sonne die Pracht erleuchtet, könnte man glauben, durch eine filigrane Kathedrale zu reiten oder zu fahren. Welch farbiger Kontrast von den Bäumen zu den roten Röcken der Jagdreiter.

FARBEN-FROHER HERBST

auf dem Gestüt

Kaum einer kann wirklich sagen, wann genau aus den sommerlichen Frühnebeln über der Lauter plötzlich ein kühler Herbstnebel wird. Doch spätestens, wenn man morgens wieder eine wärmende Jacke überziehen muss, naht die kalte Jahreszeit. Morgens gibt es auch schon so manches Mal Raureif auf den Wiesen. Doch jeder, der in Marbach arbeitet, weiß, dass der Sommer erst mit den Hengstparaden endet. Diesem Höhepunkt im Gestütsjahr fiebern alle entgegen, und erstaunlicherweise spielt auch der Wettergott am letzten September- und ersten Oktoberwochenende fast immer mit.

Nach den Hengstparaden spürt jeder im Gestüt, wie das Wetter sich ändert: Es wird merklich kühler, der Sommer verabschiedet sich endgültig. Jetzt bricht eine wahre Farbensymphonie über die Alb herein. Die uralten Ahornbäume der Gestütsallee explodieren in Rot-, Gelb- und Brauntönen – jeden Tag verändert sich die Landschaft, es wird bunt und bunter.

An einem Wochenende tauchen viele Reiter mit roten Röcken in Marbach auf. Hundegebell hallt durch den Gestütshof und die Hörner rufen zur Herbstjagd. Große Warmblüter und schnelle arabische Pferde galoppieren gemeinsam durch den Wald, alte erfahrene Jagdpferde und junge Pferde, die noch nicht so richtig wissen, wo es langgeht. Alle durchqueren den Teich und springen mehr oder weniger flüssig über die Naturhindernisse. Der Schlamm spritzt, die Pferde dampfen, und es herrscht eine ausgelassene Stimmung. Zum Hallali treffen sich alle wieder und die Hunde bekommen ihre wohl verdiente Belohnung, das Curée.

In jedem Gestütshof und Vorwerk gibt es einen Glockenturm auf dem Dach, der meistens aus Holz gebaut wurde. Das Läuten zur vollen oder halben Stunde ließ die Menschen das Verrinnen des Tages erkennen und wann es Zeit zum Vespern war.

Wenn es im Herbst kalt wird, dann bekommen die Pferde schon ein dichteres Fell, welches gegen die feuchte, neblige Kälte schützt. Trotzdem verbringen die Pferde gerne die Nächte draußen, auch wenn morgens Raureif auf den Wiesen liegt.

Die Schimmelstuten der Araberherde stehen ab Mitte Oktober vor einer fast theatralisch anmutenden Kulisse aus brennend rot leuchtendem Herbstlaub.

Dann fegen mit den ersten Herbststürmen die Blätter über die Straße, und man muss aufpassen, dass die großen Stalltüren nicht mit einem Schlag zufliegen. Der Herbst rauscht heftig durch das Gestüt und kündigt den Winter an. Die Bäume verlieren ihre schöne farbige Dekoration, und immer mehr Laub bedeckt den Boden, bis die Blätter einen dicken Teppich bilden. Ist der Herbst trocken, dann raschelt es herrlich bei jedem Schritt durch das Laub, die Blätter fliegen beim leisesten Windhauch hoch durch die Luft. Zeigt sich der Herbst regnerisch, dann wird das Laub schwer, nass und rutschig; es ist fast gefährlich, darüber zu reiten. Oben auf der Höhe des Vorwerks Hau müssen die dreijährigen Hengste Abschied nehmen von ihrem Herdendasein. Eine Kommission von ernst dreinblickenden Menschen lässt sich jedes Pferd vorstellen und beurteilt sie in ihrer Entwicklung. Hier fällt oft schon eine wichtige Entscheidung für das weitere Pferdeleben: Wer ist tauglich oder nicht und zu was? Welcher Hengst hat sich am besten in seinen Nachkommen vererbt?

Alle Jungpferde des Gestüts werden anschließend an Sattel und Reitergewicht gewöhnt und über den Winter hinweg ausgebildet. Doch wer zeigt vielversprechende Anlagen zum Deckhengst, wer hat ein besonderes Talent als Sportpferd?

So wie in der Landwirtschaft im Herbst die Ernte des Jahres eingebracht und beurteilt wird, so wird in einem Gestüt nach drei Jahren die Entwicklung des Nachwuchses für die weitere Zucht bewertet.

Auch für die jungen Fohlen, die im Frühjahr geboren wurden, ändert sich im Herbst das Leben radikal. Die ersten Absetzer treffen noch in Begleitung ihrer Mütter bei den verschiedenen Stallungen der Vorwerke ein. Einige kommen aus dem Gestüt selbst, andere von privaten Züchtern. Auch sie werden von den Gestütern genau inspiziert und dann – ganz überraschend für die Pferdekinder – von ihren Müttern getrennt. Nach dem ersten Schock rufen sie ihnen herzerweichend mit einem schrillen hohen Wiehern nach, das meist ebenso erwidert wird. Doch da schnell auch andere Fohlen mit dem gleichen Schicksal im großen Stall herumlaufen, tröstet man sich mit seinen neuen Freunden. Der Schmerz lässt nach und bald gibt es viel Aufregendes zu entdecken. Jetzt beginnt für sie ein weiterer Lebensabschnitt, im Gestüt beginnt der Zyklus des Pferdejahrs aufs Neue.

Ein Gestüt lebt im Wechsel der Jahreszeiten - das war schon vor Jahrhunderten so und wird auch immer so bleiben. Die technischen Hilfsmittel, die Haltungsbedingungen und Stallungen, die Ernährung, alles hat sich im Laufe der Zeit verändert. Doch unverändert geblieben ist, dass sich Menschen und Pferde vertrauensvoll anfreunden müssen, um miteinander zu leben, zu arbeiten und gemeinsam Erfolg zu haben. Wenn dies nicht gelingt, ist alle Mühe umsonst gewesen. Wenn es gelingt, dann kann dies zu einem wahren Glück für Mensch und Tier werden, sich als Einheit zu erleben.

Das Haupt- und Landgestüt
MARBACH

Ein Rundgang durch die Gestütshöfe und Vorwerke

Das Haupt- und Landgestüt Marbach ist eine Welt für sich. Wer hier zu arbeiten beginnt und nicht nur als Auszubildender zeitweilig vor Ort ist, der hat sich für ein ganz besonderes Leben entschieden, in dem neben und manchmal sogar vor der eigenen Familie die Pferde des Gestüts im Mittelpunkt stehen. Das war früher so und ist es noch heute. Die Symbiose von Mensch und Pferd, Gebäuden und Umgebung, eingebettet in die Landschaft und die Jahreszeiten, ist das Besondere an Marbach. Es ist gegründet worden mit einer besonderen Mission, ist gewachsen, wurde zerstört und wieder auf- und weiter ausgebaut. Gerade in den letzten Jahren wurde es wieder modernisiert, Stallungen kamen hinzu und ein neues Gästehaus, doch immer mit dem Blick auf die Harmonie des Ganzen und zum Wohle der Pferde. Lassen Sie uns gemeinsam einen kleinen Rundgang durch das Hauptgestüt machen und auch die Gestütshöfe und Vorwerke besuchen.

Der Gestütshof MARBACH

Von hohen Mauern und Gebäuden umschlossen präsentiert sich das Herz des Haupt- und Landgestütes: Der historische Gestütshof Marbach. Eine breite Einfahrt ermöglicht es Kutschen und Reitern, mühelos aneinander vorbeizukommen. Dies ist nötig, denn tagsüber herrscht hier reger Betrieb. Ein steter Strom von Pferden, Fahrzeugen und Touristen bewegt sich in diesen alten Gemäuern, die kein Museum beherbergen, sondern eine Institution, die alt und ehrwürdig, zugleich aber auch modern und lebendig ist: Das Haupt- und Landgestüt von Baden-Württemberg. Zwei dekorative Blumenamphoren aus Stein zieren die beiden Pfeiler des Eingangstors, und abends, wenn die Tore geschlossen werden, funkelt das Brandzeichen von Marbach, das „M" mit der Hirschstange, auf dem Torgitter golden in der untergehenden Sonne.

Mittelpunkt des weitläufigen Hofes ist der Stutenbrunnen von 1844, der im Innenhof des Gestütshofs sofort den Blick der Besucher auf sich zieht. Hier wurden früher alle Pferde getränkt und dann in die Stallungen geführt. Auch heute noch ist er mit seinen plätschernden Wasserfontänen ein lebendiges Zentrum des Gestütshofes. Hier versammeln sich die Besucher, wenn die Gestütsführungen losgehen, und er ist Anfangspunkt und Ziel der alljährlichen Fuchsjagd im Herbst. Der grüne Eisenbrunnen wurde 1880 erweitert und hat nun beidseitig zwei flache, lang gestreckte rechteckige Becken. Aus zwei Löwenmäulern schießt ein starker Wasserstrahl heraus, der laut plätschernd in die Becken fällt. Auf dem Pfeiler in der Mitte prangt das Württemberger Wappen Wilhelms I. und ein Relief eines Porträts mit Lorbeerkranz. Gekrönt wird der Brunnen von einer etwa 40 cm hohen Bronzestatue, die eine Mutterstute mit ihrem trinkenden Fohlen zeigt: Wie könnte man einfacher und eindringlicher die Aufgabe des Gestütes bildlich darstellen?

Das Marbacher Brandzeichen ist allgegenwärtig: Ein „M" und darüber eine Hirschstange. Es ist ein Qualitätszeichen für die Pferde aus diesem Gestüt.
Das andere Wahrzeichen Marbachs ist die Skulptur, die den Brunnen im Innenhof des Hauptgestütes dominiert. Eine Stute, die ihr Fohlen saugen lässt! Dahinter liegt der lange Stall mit den Hengstboxen im traditionellen Fachwerkstil, mit Holzpanelen verkleidet.

Hier sollen Pferde geboren und aufgezogen werden. Das erfüllt man an diesem Ort schon seit 500 Jahren. Nachweislich war die erste Aufgabe Marbachs, die in den Analen von 1514 dokumentiert wurde, einen Fohlengarten einzurichten.

Einfach, sachlich, funktional – das sind die Anforderungen, die beim Ausbau des Gestüts an die Architekten gestellt wurden, denn immer spielte das Geld eine wichtige Rolle. Prächtige Bauten, die in anderen Staatsgestüten mitunter schlossgleich den Anblick beherrschen, wie beispielsweise im brandenburgischen Haupt- und Landgestüt Neustadt-Dosse, sucht man auf der Schwäbischen Alb vergebens. Und doch hat jedes Gebäude in diesem gesamten Ensemble seinen ganz eigenen Charme, auch wenn die Stallungen, Wirtschaftsgebäude, Remisen und Verwaltungsgebäude zu ganz unterschiedlichen Zeiten und für verschiedene Zwecke erbaut wurden. Einer der wichtigsten Initiatoren für den Ausbau des Gestütes war König Wilhelm I. von Württemberg, der ab 1817 mit Umsicht und Sachverstand die Pferdezucht in seinem Land neu organisierte und sich um den Aufbau des Pferdebestandes nach den verheerenden napoleonischen Kriegen sorgte. Trotz aller Sachlichkeit findet man immer wieder schmückende Elemente, Verzierungen, Gedenktafeln und Skulpturen an den Gebäuden, Wänden und Toren. Sie haben alle ein zentrales Thema: Das Pferd.

Die Gebäude geben sich zur Straße hin trutzig und erscheinen wehrhaft, so wie der mächtige Engländerstall, der 1840 aus dem hellen Tuffstein der Schwäbischen Alb erbaut wurde. Dieses besondere Material, ein poröser Kalkstein, lässt die Mauern atmen und erzeugt ein gutes Stallklima. Drinnen im luftigen Raum mit großen, hoch gelegenen Fenstern sind die geräumigen Boxen für die Hengste untergebracht. Man nimmt an, dass der Name des Stalls darauf zurückzuführen ist, dass als erstes Vollbluthengste aus England diesen Stall bewohnt haben. Auf dem Dach erhebt sich ein Glockenturm, der jede Viertelstunde erklingt und dessen Läuten allen Gestütsmitarbeitern die Vesper und die Mittagspausen verkündet.

Gleich im Anschluss an den wuchtigen „Engländerstall“ wurde im rechten Winkel der „Lange Stall“ erbaut. Mit circa 40 Boxen ist er einer der größten Hengstställe des Gestütes. Boden und Boxen wurden damals im 19. Jahrhundert mit Fichtenholzpflaster ausgelegt und bieten damit heute noch für Mensch und Pferd einen sicheren und angenehmen Laufgrund. In unserer Zeit ist dies ein fast unbezahlbarer Luxus. Direkt über dem Stall befindet sich das große Heulager für die Pferde. Hier werden jeden Morgen die Ballen hinabgeworfen und in den Boxen verteilt. Wie es auf der Alb Tradition ist, hat man das Stallgebäude außen mit Holz verkleidet und mit Ornamenten und ausgefrästen hölzernen Leisten verziert.

Wieder im rechten Winkel dazu und frontal zum Haupttor wurde ein weiterer Stall errichtet, der früher für die Kaltblüter reserviert war. Im Zuge der Modernisierung im Jahre 2009 baute man ihn um, und heute beherbergt er das großzügige Besucher- und Informationszentrum. Im Erdgeschoss werden Exponate aus der Kulturgeschichte des Pferdes gezeigt und der Werdegang Marbachs in einem Film erläutert. Man kann dort Bücher über das Marbacher Gestüt kaufen, aber auch Poloshirts mit dem Marbacher Logo und vieles mehr. Im Fachwerk des Dachstocks, zu dem eine moderne Treppe hinauf führt, liegen die Konferenzräume und ein Lehrraum für die Fahrschule.

Diagonal zum Haupttor führt von hier aus (rechts vom Besucherzentrum) eine gestütsinterne Straße hinauf zu den weiteren Stallungen. Begrenzt wird dieser schmale Durchlass direkt gegenüber durch ein anderes Gebäude im Gestütsensemble, das unten aus Stein gebaut ist und oben mit Fachwerk aufgestockt wurde. Typisch sind auch die roten Fensterläden des lang gestreckten Hauses, in dem einige der Gestüter wohnen. Im Erdgeschoss dieses Gebäudes, jetzt neu mit einem schönen eigenen Eingang versehen, ist die Geschirrkammer für das Prunkgeschirr untergebracht. An holzgetäfelten Wänden mit speziell angefertigten Halterungen blitzt und glänzt das Geschirr für die Sechs- und Achtspänner.

Darunter gibt es ein ganz besonderes Geschirr, das nur anlässlich des Besuchs eines Nachkommen von Wilhelm I. von Württemberg angeschirrt werden darf. Alles hier drinnen ist Qualitätsarbeit und stammt aus der Hand eines renommierten Handwerksbetriebs, der für sein exzellentes Lederhandwerk bekannt ist.

Den ganzen Tag herrscht auf dem Haupthof des Gestütes, der komplett von Stallungen und Gebäuden umgeben ist, ein reger Betrieb. Kutschen und Reiter überqueren ihn immer wieder. Touristen strömen herein und Wanderer, die ihre Hunde am Brunnen tränken. Dort prangt das Wappen von Württemberg und ein Portrait mit Lorbeerkranz als Verzierung auf der Mittelsäule.

Die beiden Gebäude, die den Eingang zum Hauptgestütshof einrahmen, wirken massiv und fast abweisend. Dennoch haben die Bauten, die mit Steinen aus dem Karstgebirge erbaut wurden, eine helle Anmutung. Die Fenster des Engländerstalls wirken etwas klein und unscheinbar, nur über dem großen Stalltor liegt ein Schmuckfenster, das nach jedem Winter frisch geputzt wird.

Überall entdeckt man immer wieder kleine Kunstwerke, wie die Skulpturen auf einem Sims oder steinerne Reliefs und Wappen.

Ein weiteres Gebäude jüngeren Datums schließt direkt daran an. Es beherbergt heute das Büro der Gemeinschaft der europäischen Staatsgestüte (ESSA). Ein winziger Garten verbindet diese Gebäude mit dem alten Verwaltungsgebäude, das aus der Gebäudeflucht hervorspringt. Es ist trutzig und ruht auf einer mächtigen Mauer. Im Erdgeschoss unter Steinbögen waren früher auch Pferde untergebracht. Im Obergeschoss wohnte traditionsmäßig schon immer der Landstallmeister und hatte somit auch den ganzen Hof und die Aktivitäten im Blick. Heute sind dort die wichtigsten Büros untergebracht. Die Außenmauer des Verwaltungsgebäudes liegt wieder zur Straße hin auf einer Flucht mit dem Engländerstall. Dazwischen befindet sich das Haupttor des Gestütes. Somit haben wir den Innenhof vollständig umrundet.

Wenn man aufmerksam über den Boden des Innenhofs blickt, dann erkennt man, dass er ein gewisses Gefälle hat, damit bei starkem Regen das Wasser von den Stallungen weggeleitet wird. In jedem Detail spürt man das fachliche Wissen und die kluge Planung der Erbauer. Hier auf dem Hof ist von 6 Uhr morgens bis 17 Uhr abends immer etwas los. Pferde werden über den Hof geführt, es wird geritten oder auch gefahren. Hinaus geht es immer durch das Hauptportal über die Straße, die an der Lauter entlangführt, in die grünen Auen und Wälder.

Die oberen Stallgebäude

Wenden wir uns nun wieder zurück, gehen vom Haupttor am Stutenbrunnen vorbei, lassen das Informationsgebäude links liegen und folgen der kleinen Straße auf der anderen Seite des Gestütsinnenhofes bergauf. Zunächst kommt man an der Führanlage vorbei, in der täglich die Hengste ihr Fitnessprogramm ohne Reiter absolvieren.

Gleich dahinter, auf der linken Seite gelegen, findet man den Hengststall der Vollblut-Araber: Ein kleines Fachwerkgebäude mit sechs geräumigen Boxen und dem ausladenden Kronleuchter in der Mitte. Er ist ein ungewöhnliches, schmückendes Element, das für die vollblütigen Stars des Gestütes wohl als Reminiszenz angebracht wurde – hier wohnen die besten Araberhengste und Beschäler.

Ein paar Meter weiter bergauf kommt man zum alten Fahrpferdestall auf der linken Straßenseite. Er hat die Patina, die man von guten alten Ställen kennt: Drinnen ist es halbdunkel und angenehm kühl – das wirkt sehr beruhigend auf die Pferde. Außen ist er mit verwitterten braunen Holzpaneelen verkleidet, und vor den kleinen Stallfenstern blühen im Sommer rote Geranien. Eine rustikale Bank steht vor der Tür, auf der sich die Besucher ausruhen können. Doch auch die Gestütskatzen lieben diese Bank und sonnen sich dort gerne ganz lang ausgestreckt.

Dahinter – man muss circa 20 Meter bergan laufen – steht eine brandneue Stallanlage aus dem Jahr 2011 in U-Form. In den beiden Flügeln sind die Boxen für die Fahrpferde und die Schwarzwälder Füchse untergebracht, im mittleren Teil stehen die Kutschen in einer Art Remise. Natürlich gibt es dort

Eingang des neuen Besucherzentrums.

Innenansicht des Araberhengststalls.

Araberhengststall von außen gesehen.

Wenn sich der Schlüssel im Schloss dreht, dann ist es noch sehr früh am Morgen. Das Gestüt wacht spätestens um 6 Uhr auf. Es klappern die Futtereimer und die Pferde wiehern und rufen nach ihrem Frühstück.

Schwarzwälder Hengst „Maximus" im neuen Fahrstall.

ebenfalls eine große Geschirrkammer und Aufenthaltsräume für die Fahrer. Der durch die u-förmige Anordnung entstandene Innenhof ist für das Anspannen und Abspannen der Pferde konzipiert und ebenerdig gehalten. Dies ist besonders wichtig, da die Stallanlage am Berg liegt. Um es in das Gesamtbild der Gestütsanlage einzupassen, hat man dem Stallgebäude eine helle Holzverschalung gegeben, die sich mit der Zeit, in den vielen rauen Wintern der Schwäbischen Alb eine eigene Patina zulegen wird. In dieser modernen Stallanlage vereinigt sich traditionelles Baumaterial mit neuester Technologie. Das hohe luftige Dach und die vielen Fenster, durch welche die Pferde hinausblicken und auch von den Besuchern gestreichelt werden können, machen die Stallungen zu Luxuswohnungen und zu einem geräumigen und angenehmen Arbeitsbereich für die Menschen. Das alles scheint die schicken Füchse mit ihren hellen Mähnen aber nicht zu beeindrucken. Sie haben bestimmt nichts gegen das wohlige Solarium im Winter und die kühlende Duschanlage im Sommer einzuwenden, doch der tägliche Kontakt mit den Menschen, die sie betreuen, bleibt immer noch das Wichtigste für sie, die „Hütte" ist da eher Nebensache.

Die Scheune mit dem mächtigen Dach über zwei Stockwerke ist das Getreidemagazin. Dort lagert der Hafer für den Winter, davor Warmblutstuten mit Fohlen.

Wenn man ein weiteres Stückchen bergauf geht, kommt man in die wunderschöne Ahornallee, deren 100 Jahre alter Baumbestand unter Naturschutz steht. Wer jemals im Herbst in Marbach war und durch diese Allee gegangen oder geritten ist, der wird es niemals vergessen. Die Bäume vernetzen ihre Äste in luftiger Höhe und bilden ein Dach über dem Weg, der hinaufführt zu den Weiden und Sommerställen. Wenn der Wind hindurchfährt, geht ein Rauschen und Ächzen durch die Wipfel, und es ist, als hörte man Geister wispern. Im Sommer spendet die Allee Schatten, im Spätherbst entlaubt sie sich und breitet einen bunten Teppich herrlicher Blätter über die Straße aus.

Am Anfang der Allee steht wiederum links im Schatten der ersten Bäume ein großes, seltsam anmutendes und mehrstöckiges Gebäude, das leider seine ehemals wichtige Bedeutung fast verloren hat: Der Kornspeicher. Hier wurde über mehrere Etagen hinweg der Hafer eingelagert, den man für die Pferde in Marbach brauchte – es waren früher bis zu 250 Tonnen Hafer.

Direkt nach der Ernte wird er getrocknet und darf nur mit maximal 13% Feuchtigkeit eingelagert werden, später wird er gequetscht und damit fertig zum Verfüttern. Es ist eine ganz eigene Atmosphäre, über die knarrenden Dielen dieser in Holzfachwerk erbauten Scheune zu gehen. Hölzerne Rutschen für das Getreide führen von einer Etage zur anderen. Kleine Luken lassen das Sonnenlicht nur spärlich hereinfallen. Immer noch ist das Gebäude gut durchlüftet, riecht nicht muffig und ein Aroma von würzigem Korn liegt in der Luft. Es kommt einem so vor, als wäre hier der Atem der Zeit angehalten worden, als würde sich der Raum fragen, warum er nicht mehr so stark genutzt wird wie früher. Doch er ruht in sich und atmet eine Zeitlosigkeit aus, die man selten findet.

Alle großen Laufställe für die Stutenherden sind so gebaut, dass es angrenzend immer noch eine Wohnung oder Stube für die Gestüter gibt, damit sie immer bei den Pferden sein konnten. Verkleidet ist der obere Teil mit verwitterten Holzbrettern. Modern dagegen die Reithalle, in der viele Auktionen und Veranstaltungen stattfinden.

Linker Hand der Allee und durch einen kleinen Stichweg verbunden befinden sich drei verschieden lang gestreckte Backsteingebäude. Im unteren Stall sind die Abfohlboxen und die Stallungen für kranke Pferde. Daran schließt eine große eingezäunte Koppel an, ein Fußweg führt hinauf zum nächsten Stallgebäude. Dieses ist für die arabischen Stuten mit ihren Fohlen reserviert – natürlich mit einem Zugang zu weiteren Koppeln. Dann führt ein Fußweg noch etwas höher hinauf zum Laufstall der Warmblutstuten. Ihnen steht auch ein überdachter Rundlauf zur Verfügung, wenn das Wetter zu schlecht ist, um sie auf die Weide zu lassen. Das sind die Anlagen, die auf der linken Seite der Allee liegen.

Sieht man die Allee sozusagen als Rückgrat des Gestüts an und schaut auf die andere Seite, so erblickt man bis hin zum Wald noch weitere Hang-Koppeln, die für Wallache und Einstellpferde als Auslauf reserviert sind.

Blickt man von der Ahornallee dann wieder hinunter in Richtung Gestütshof, so fallen links auf einer Anhöhe die neue und die alte Reithalle von 1865 auf. Für dieses kleinere und sehr harmonische Gebäude aus zweifarbigen Stein trug man die Mauern der alten Reithalle aus dem Vorwerk Güterstein ab. Die alte Reithalle erhielt die größte freitragende Dachkonstruktion seiner Zeit in der ganzen Umgebung, und man hatte eine Fläche von 17 x 32 Meter zur Verfügung! Sie wird auch noch heute genutzt und dient oft für Empfänge.

Bis zum Jahr 1958 fanden die Hengstpräsentationen im Januar statt, manchmal bei dichtem Schneetreiben und in bitterer Kälte. Es war ein immenser Fortschritt, als die große Reithalle mit Tribüne gebaut wurde mit ihren großzügigen Maßen von 20 x 60 Meter. Hier bietet sich die Möglichkeit, unabhängig von Wind und Wetter sowohl die Pferde zu trainieren als auch Veranstaltungen durchzuführen.

Im Gestütsgasthof gibt es einen hervorragenden Apfelkuchen. Hier trifft man Gestüter und Touristen gleichermaßen. Viele kommen mit dem roten Schienenbus nach Marbach, der durch das idyllische Lautertal fährt und vor dem Eintreffen im Bahnhof seinen schrillen Pfiff ertönen lässt.

Vom Werkhof bis zur Landesreitschule

Eine weitere moderne Errungenschaft war für das Gestüt der Bau der großen Arena und damit die Möglichkeit, 10.000 Besucher aufzunehmen und ihnen Sitzplätze zu bieten. Der Reitplatz von 50 x 100 Meter bietet vielfältige Möglichkeiten für große Vorführungen, wie beispielsweise die alljährlichen Hengstparaden. Diese sind die absoluten Höhepunkte im Gestütsjahr und ziehen jedes Jahr an drei Wochenenden Zehntausende von Besuchern nach Marbach, welche die Pferde hautnah spüren und erleben möchten.

Doch Marbach ist nicht nur ein Gestüt, es ist fast schon ein eigenes Dorf. Wenn man die Straße vor dem Haupttor zum Gestütshof überquert, geht die Gestütsanlage weiter. Dort, etwas unterhalb der Bundesstraße gelegen, finden sich der Werkhof und weitere Stallungen, die oft für Gastpferde belegt werden. Als noch Milchrinder zum Gestüt gehört haben, nutzte man diese Anlage als Kuhställe.

Auch hier dominiert das Fachwerk das Erscheinungsbild. Auf der Ecke des Gebäudes, das die Werkstätten beherbergt, befindet sich die alte Schmiede mit großen Fenstern zur Nordseite. Hier wurde ebenfalls das Fichtenholzparkett verlegt, das wir aus dem alten Engländerstall schon kennen. Dort nebenan wird die Esse befeuert und man hört den Hammer auf den Amboss schlagen, wenn der Schmied die glühend roten Hufeisen formt. Beim Anpassen verschmort das Horn der Pferdehufe, und dicke Nebelschwaden verhüllen den Raum. Da geht es in der Sattlerei schon ruhiger zu. Hier werden die Sättel und Zaumzeuge repariert – ein Ort, der auf keinem Gestüt fehlen darf. Daneben liegen die Schreinerei, die Dreherei und die Schlosserei, wo Traktoren und Kutschen gleichermaßen gewartet werden. Andere Gebäude gliedern sich an und bilden eine großzügige Hofanlage. Dahinter fließt die Lauter, und es gibt eine Furt, durch die man mit den Pferden ein Stück im Bach reiten kann, eine sehr gute Übung für das Vertrauen von Pferd und Reiter.

Ein schriller Pfiff kündigt das Herannahen des historischen Schienenbusses an, der durch das Lautertal fährt, immer an dem noch schmalen Bach entlang.

Vorbei an den Koppeln überquert die Bahn die Straße und fährt im kleinen Marbacher Bahnhof ein. Hier wurden früher die Pferde in Waggons verladen und dann auf die verschiedenen Deckstationen ins „Ländle" verschickt. Heute erledigt das der komfortable gelbe Pferdetransporter des Gestütes mit dem Marbacher Brandzeichen. Der Bahnhof liegt am Anfang des kleinen Dolderbachtals in Sichtweite der Schlosses Grafeneck, der ehemaligen Sommerresidenz der Herzöge von Württemberg. Gleich gegenüber wurden 1979 die neuen Stallungen und Außenplätzen der Landesreitschule gebaut, ein aktiver Stützpunkt für die Ausbildung von Pferden

Doch was wäre das Gestüt ohne seine großzügigen Weideflächen, die sich oberhalb der eigentlichen Gestütsanlage dahinziehen. Die große Ahornallee führt einen automatisch in die richtige Richtung, denn es geht einen gewundenen, von alten Bäumen gesäumten Weg weiter bergan, bis hin zur oberen Wegkreuzung. Dies ist ein wichtiger Platz, denn hier erinnert uns ein Gedenkstein an einen der wichtigsten Hengste Marbachs, an den Trakehner „Julmond", der als Stempelhengst die württembergische Warmblutzucht veränderte. Er ist hier begraben mit Blick auf die Weiden, auf den Sommerstall der Warmblutstuten und der arabischen Stuten. Wenn man dem Weg mit seinen frisch gepflanzten Bäumen weiter folgt – oft wird man dabei von den Kutschen des Gestütes überholt –, dann kommt man zur Geländestrecke für Vielseitigkeitspferde. Auf diesem hügeligen Gelände finden internationale Vergleichskämpfe statt sowie Fahrturniere, bei denen die Pferde anspruchsvolle Hindernisse überwinden müssen und die Gespanne einen Wasserparcours durchqueren.

Ob zu Fuß oder hoch zu Ross, auf idyllischen Wegen kann sich jeder entspannen

Immer wieder begegnen dem Spaziergänger Reiter, die mit ihren Pferden die großartige und weitläufige Landschaft um das Gestüt nutzen. Man sieht Reitschüler, die übermütig durch die Blumenwiesen galoppieren. Oder man bleibt am Zaun stehen und beobachtet die Fohlen, wie sie um ihre Mütter herumflitzen und genießt die Ruhe und den Frieden dieses gesegneten Stückchens Schwäbische Alb.

Das Gestüt Marbach ist ein ganz besonderer Ort, der seinesgleichen sucht. Viele Menschen, die heute dort arbeiten, haben sich schon als Kinder bei einem Besuch in das Gestüt verliebt und es war ihr Herzenswunsch, hier zu arbeiten. Für sie ist ihr Beruf nicht ein Job, sondern ihr Lebensinhalt. Sie sind mit ihrer Passion und Liebe die Garanten für das Weiterbestehen einer einmaligen Institution.

und Reitern. Nur ein paar Meter sind es bis zum Gestütsgasthof, einem Anlaufpunkt für Gestüter und Touristen gleichermaßen. Hier beenden viele Besucher bei einer gemütlichen Tasse Kaffee und einem leckeren Stück Kuchen ihren Gestütsbesuch.

Viele Kilometer an Weidezäunen umgeben die Koppeln. Sie müssen stabil sein, damit sich die Pferde dagegenlehnen können und sie haben drei Querstangen, damit keiner durchschlüpfen kann. Die Jungpferde strecken trotzdem voller Neugierde ihre Köpfe hindurch, um die vorbeikommenden Reiter besser wahrnehmen zu können, die auf dem Ausritt zu Julmonds Grab sind.

IM PORTRÄT

GESTÜTER VOM HAUPT- UND LANDGESTÜT MARBACH

Sabine Spaag
und Elitehengst Gardez

Die Reitbahn im Innern der historischen Reithalle in Offenhausen liegt im Halbdunkel. Durch die wenigen Fenster strömt Sonnenlicht herein und legt sich wie ein Muster aus goldenen Vierecken über den Boden. Sandfontänen spritzen auf, sie werden von Sonnenstrahlen erfasst, die die Körnchen in einen Blumenstrauß aus Licht verwandeln. Aufgewühlt wird die Reitbahn von einem mächtigen Rapphengst, der mit großen Sprüngen an der Bande entlangdonnert, auf der Hinterhand stoppt, leichtfüßig steigt, sich wendet und in voller Geschwindigkeit auf eine zierliche Frau zugaloppiert, die lachend in der Mitte des Raums steht. Ob er anhält? Nein, er schießt an ihr vorbei, macht noch ein paar Bocksprünge und wendet wieder. Man sieht, wie seine Muskeln unter dem schwarz glänzenden Fell tanzen, er ist pure Lebenskraft, pure Eleganz, ein Bild von einem Pferd. Gelassen trabt er jetzt zu ihr zurück, stellt sich wie ein Standbild vor ihr auf, dreht den Kopf etwas zur Seite, als er draußen das Hufgetrappel anderer Hengste hört. Dann nimmt er den Kopf herab und berührt leicht die Schulter der Frau, sein warmes Maul streicht sanft über ihr Gesicht und sein Atem legt sich ihr für den Bruchteil einer Sekunde wie eine warme Wolke auf die Augen. Dann findet er, was er sucht, ihre Hand, die in der Tasche verschwindet, und mit einer Belohnung wieder auftaucht, die er genüsslich und fein mit seinen Lippen annimmt. Sie streicht ihm zärtlich über den Hals und erzählt ihm mit leisen Worten, was für ein wundervolles Pferd er ist.

„Gardez", der großartige Beschäler des Haupt- und Landgestüts Marbach, DER Württemberger Elitehengst. Er hat über 20 Jahre hinweg hervorragende Nachkommen gezeugt. Kaum zu glauben, dass er schon 1990 geboren wurde und immer noch so viel Kraft demonstriert und ganz versessen darauf ist, in der Reithalle herumzutoben und mit Sabine Spaag zu spielen wie ein Dreijähriger. Die Pferdewirtschaftsmeisterin ist für ihn verantwortlich und seit einigen Jahren der Dreh- und Angelpunkt in seinem Leben. Er wacht ganz eifersüchtig darüber, dass sie nicht zu viel Zeit mit anderen Hengsten verbringt, denn dann kann er ganz schön sauer werden. „Gardez" weiß, was ihm gebührt. Sabine Spaag hat sich seiner angenommen, als er altersbedingt nicht mehr im Sport gehen konnte und nur noch als Beschäler wirkte. Über die Jahre hinweg haben beide eine ganz besondere Beziehung zueinander entwickelt, voller Vertrauen und Liebe.

Schon als kleines Rappfohlen war „Gardez" etwas ganz Besonderes: Als seine Mutter Herzblatt das Hengstlein mit den drei weißen Fesseln und dem winzigen Stirnfleck zur Welt brachte, war er so perfekt, dass man wusste, dem kann

eine große Zukunft bevorstehen, wenn man gut auf ihn aufpasst und ihm die Möglichkeiten gibt zu reifen. Wer auch immer die Idee zu seinem Namen „Gardez" („Paßt auf!, Habt acht!") hatte, lag richtig, denn es war seine Bestimmung, Aufmerksamkeit zu erregen und in seinem Leben Großes zu leisten: Gardez war Leistungsprüfungssieger, Körungssieger, Süddeutscher Champion, Sieger in Springpferdeprüfungen Kl. M und erfolgreich in Dressurprüfungen bis Kl. S. Auch seine Nachkommen haben seine Eigenleistung bestätigt. Unter den über 700 Nachkommen sind über 300 Turnierpferde, darunter zwei erfolgreich in S-Springen, 15 auf S-Niveau in der Dressur und sogar 7 Fahrpferde in der S-Klasse – was für eine Vielseitigkeit! Um nur ein paar Namen seiner erfolgreichen Nachkommen zu nennen: „Gachino" war Mitglied im kanadischen Team für die Olympiade in Hongkong 2008, „Gino", „Guardian Angel", „Golden Dancer" ...

„... Er war das Aushängeschild Marbachs der letzten 20 Jahre ...", erzählt Sabine Spaag voller Stolz von ihrem vierbeinigen Liebling. „... Mittlerweile ist er ein bisschen aus der Mode gekommen, denn die modernen Pferde sehen ja heute anders aus, die Bewegungsmechanik hat sich geändert, der Rahmen ist größer geworden. „Gardez" ist ein schwererer Typ, als es sich der Markt im Moment wünscht ..."

Elitehengst „Gardez“ (Ganymed x Herzblatt).

Die Gestüterin kennt „Gardez" bereits seit er dreijährig seine Leistungsprüfung absolvierte. „... Damals war ich in Ausbildung und wir Azubis durften den tollen Hengst auch manchmal reiten. ..." Und doch gibt sie zu: „... Eine Liebe auf den ersten Blick war es nicht wirklich. Später habe ich ihn dann aus den Augen verloren, da ich nach der Ausbildung in Marbach erst einmal in einem privaten Stall als Bereiterin angestellt war. Nach der Geburt meiner Tochter habe ich sogar acht Jahre lang gar nicht mehr mit Pferden gearbeitet, sondern mit meinem Mann eine Gastwirtschaft geführt ..."

Doch 2007 zog es sie wieder zurück zu den Pferden: „... Nach all den Jahren ohne Pferde merkte ich erst, wie sehr sie mir abgingen. Meinem Herzen fehlte etwas. Eine Teilzeitstelle mit Pferden zu bekommen, ist gar nicht so einfach. Aber ich hatte Glück, dass hier in Marbach gerade etwas frei war. Und dass ich dann auch noch in die Wohnung über den Stallungen einziehen konnte, war für mich ein Glücksfall ..."

Dadurch ist Sabine Spaag vierundzwanzig Stunden bei den Pferden, sieben Tage die Woche. Wenn sie ein Geräusch hört, geht sie auch mitten in der Nacht hinunter in den Stall, um nach dem Rechten zu sehen: „... Solch ein Job ist nicht nur ein Job, das ist Herzblut ..."

Wer nun denkt, Sabine Spaag würde von morgens bis abends nichts als Stallgeruch atmen, hat weit gefehlt: „... Während der Decksaison ist das Büro mein Arbeitsplatz ..." Von 7 bis 13 Uhr sitzt Sabine Spaag vor ihrem Computer, bearbeitet die E-Mails, nimmt Bestellungen für Frisch- und Tiefkühlsperma entgegen, schreibt Rechnungen und stellt Deckscheine aus. Erst am Nachmittag steht dann die Bewegung der Hengste für sie auf dem Programm.

„... Ohne Leistungsdruck ...", betont sie, „aber alle Deckhengste wollen regelmäßig geritten werden, damit sie ausgeglichen bleiben."

Während sie erzählt, steht „Gardez" neben ihr und hört aufmerksam zu. Er hat sich ausgetobt und sich gründlich gewälzt. Sein schwarzes Fell ist mit Sand paniert. Jetzt wartet er darauf, dass es über den Hof zurück in seine Box geht. Auf dem Weg in den Stall bleibt er seelenruhig stehen, zupft ein paar Grashalme, bevor er weitertrottet. In der Stallgasse liegt ein großer Haufen Gras – klar dass er dort nun auch etwas stibitzen wird. Doch nein. „... Er weiß genau, dass er das hier im Stall nicht darf, wir haben unsere Regeln ...", schmunzelt Sabine Spaag, als sie „ihr" Pferd beobachtet. Sein Blick ruht auf dem Gras, doch erst als sie ihn richtig hinführt und ihm die Erlaubnis gibt, nimmt er ein Maul voll von dem frischen Grün. „... Im Alter ist er weise geworden ...", freut sich Sabine Spaag, die ihn liebevoll beobachtet „... früher konnte er manchmal schwierig und recht frech sein ..."

Sie versucht, sich so viel Zeit wie möglich für den alten Herrn zu nehmen, denn: „... Auf Ausritten oder beim Spazierengehen ist er am glücklichsten. Ich erlaube ihm auch vieles, was ich anderen nicht durchgehen lassen würde: Wenn er Lust hat, darf er anhalten und fressen. Das sind die anderen Pferde schon gewohnt. Wenn Gardez stehen bleibt, bleiben alle anderen automatisch auch stehen. Sie wissen: Der darf das ..."

Wie zwei Verschwörer blicken sich die beiden in die Augen. und man ist unwillkürlich berührt von diesem Band der Gefühle, das diese beiden verknüpft.

Die ehemalige Klosteranlage von Offenhausen, die zum Gestüt Marbach gehört, hat eine lange Tradition und Geschichte! Hier wurden schon vor vielen Jahrhunderten Pferde und Maulesel gezüchtet. Heute stehen hier die besten Deckhengste auf der europäischen Besamungsstation und ihr Sperma wird weltweit verschickt. Eine neue Reithalle bietet den Hengsten Platz für ihre Bewegung. Traditionelle Pferdezucht und Fortschritt an einem Platz vereint.

Der Gestütshof OFFENHAUSEN

Besamungsstation, Museum und Heimat der Schwarzwälder Fuchshengste

Wenn man von Gomadingen kommend die Straße nach Hohenstein nimmt, dann eröffnet sich einem ein wunderschönes Panorama mit Blick von oben auf die ehemalige Klosteranlage Offenhausen. Sie gehört heute zum Gestüt Marbach und beherbergt neben den Pferden die Europäische Besamungsstation und das Gestütsmuseum. Dahinter liegen die Häuser des Dorfes Offenhausen, in dem zu früheren Zeiten die einfachen Tagelöhner des Klosters lebten. An einer Abzweigung führt rechts eine kleine von Bäumen überschattete Straße direkt hinab zum heutigen Gestütshof Offenhausen.

Rund um die zentral gelegene Klosterkirche, die im frühen 14. Jahrhundert im gotischen Stil erbaut wurde, gruppieren sich zahlreiche Gebäude und Stallungen, die nur zum Teil noch aus der Entstehungszeit des Dominikanerinnenklosters Maria Gnadenzell stammen. Die schmalen, spitz zulaufenden Fenster der Kirche sind die einzige Zierde in den dicken Wänden aus alter Zeit; der Glockenturm aus Fachwerk wurde erst später hinzugefügt. Im Kloster lebten ab der Mitte des 13. Jahrhunderts vornehmlich Frauen aus niederadligen Familien der Umgebung, die dort mit etwas Mitgift ihr Leben verbrachten – manche freiwillig, andere nicht. Man fand heraus, dass das Kloster für seine heilenden Kräuter bekannt war, die in einem besonderen Garten gezüchtet wurden. Dieser wurde in den letzten Jahren liebevoll rekonstruiert, und man kann ihn heute besichtigen und sich an den alten Kräuterarten erfreuen.

Wie im Mittelalter üblich, hat man das Kloster ganz bewusst an diesem Ort erbaut, da genau dahinter die Große Lauter entspringt. Unterirdische Wasserströme aus dem Karstgestein des Weißen Jura laufen hier zusammen.

In einem Steinbecken dringt das Wasser mit Macht zu Tage und speist großzügig den kleinen Bach, der zum Hauptgestütshof Marbach fließt und sich dann schnell zu einem Fluss verbreitert. Die historischen Klostermauern beschützen das Quellenbecken, das von Bäumen beschattet wird. War frisches Quellwasser nicht schon immer eines der wichtigsten Bedürfnisse für Mensch und Tier? Genau dies gab und gibt es hier reichlich.

Nach der Säkularisierung des Klosters wurde es 1534 in einen herzoglichen Landwirtschaftsbetrieb umgewandelt, der die Zucht von Pferden, Maultieren und Seidenraupen zum Ziel hatte. Um 1760 unter der Regentschaft des Herzogs Carl Eugen lebten 36 Mutterstuten in Offenhausen.

Wenn man dem anderen Weg nach Offenhausen, unten im Tal folgt, dann muss man über eine Brücke die Lauter und die Schienen der Lauterbahn überqueren, um in den Gestütshof zu kommen. Ein springendes Ross, nicht sehr kunstvoll, aber bedeutungsvoll, und eine Statue des Heiligen St. Christophorus zieren die Brücke.

Eine lange Mauer grenzt den Hof rechts ab, und an der Einfahrt steht „Durchfahrt verboten". Linker Hand ruht ein trutziger Eckbau, wohl auf den Ruinen des alten Mutterhauses erbaut, der zum Teil Wohnhaus und zum Teil Gaststube ist und im hinteren Teil Stallungen beherbergt. In dieser Gastwirtschaft haben sich schon Generationen von Züchtern und Bauern die Köpfe über die Qualität ihrer Hengste heiß geredet. Hier in Offenhausen fanden auch bis Ende des 19. Jahrhunderts die Hengstpräsentationen statt, wie alte schwarz-weiß Bilder bezeugen.

Rund um die Kirche angeordnet, findet man verschiedene Stallgebäude. Einige davon sind im Fachwerkstil erbaut, andere neueren Datums sind aus Stein. In der Mitte liegt sehr idyllisch das kleine Wiegehäuschen, das man früher brauchte, um die Wagen mit Futtersäcken, Heu und anderen landwirtschaftlichen Produkten wiegen zu können.

Etwas seltsam wirkt der Metallzaun, der einige der Stallgebäude abgrenzt, doch ein Schild klärt über dessen Funktion auf:

„Europäische Besamungsstation – Zutritt nur für befugtes Personal". Hier arbeiten die Hengste und die Angestellten unter verschärften sanitären Bedingungen. Manchmal sieht man einige Gestüter in hellblauen Plastikkitteln und Mützchen an der Tür. Hier sollte alles steril sein, außer den Hengsten natürlich. Von der Besamungsstation aus wird Frischsperma und Tiefkühlsperma der besten Warmbluthengste Marbachs nicht nur an die Züchter in Baden-Württemberg, sondern nach ganz Europa verschickt. Darüber legt man Spermavorräte von wichtigen Hengsten an. So besteht die Möglichkei, noch Nachkommen von längst verstorbenen Vererbern zu erhalten – moderne Technologie in einer uralten Umgebung. Wer selbst einmal die hellblauen Schuhe, Jacke und das obligatorische Mützchen angezogen hat, der kann sich mit eigenen Augen einen Einblick in das Labor des Gestütes verschaffen – nur mit vorheriger Anmeldung natürlich. Die kleine Reithalle mit ihrer etwas dunklen und antiquierten Atmosphäre bietet den schwer arbeitenden Vatertieren die Möglichkeit zum Auslauf – auch im Winter. Geritten wird eher in der nagelneuen und supermodernen Reithalle etwas weiter oben am Berg. Helle Fenster und eine ansehnliche Höhe machen die Konstruktion leicht und sind ein extremer Gegensatz zur kleinen Schwester.

Natürlich gibt es noch weitere Gebäude für die vielen Schlepper und Nutzfahrzeuge, eine Werkstatt, verschiedene Aufenthaltsräume und viele andere mehr. Hier in Offenhausen ist ein Teil der Schwarzwälder Kaltbluthengste untergebracht, die noch im Natursprung decken dürfen und nicht in der Besamungsstation eingesetzt werden, sowie einige Sportpferde.

Auf dem Gestütshof herrscht immer reger Verkehr. Die Hengste werden zum Decken geführt, andere kommen mit ihren Reitern von einem Ausritt zurück. Schwarzwälder werden angespannt, Kutschen rangiert, überall herrscht Geschäftigkeit. Interessierte Besucher wenden sich an die Gestütsmitarbeiter, häufig mit immer denselben Fragen, die diese wie immer nett und freundlich beantworten. Es ist ein Teil ihres Jobs, den Besuchern und Pferdeliebhabern Auskunft zu geben, auch wenn der Hengst unter dem Sattel gerade einmal nicht so viel Geduld zeigt.

Die hohen gotischen Fenster der Klosterkirche Offenhausen weisen auf die Entstehung des Gotteshauses im 14. Jhd. hin. Es liegt mitten im Gestütshof und ist Wahrzeichen und Touristenattraktion in einem, außerdem beherbergt es heute das Gestütsmuseum mit vielen interessanten Exponaten.

Der Marbacher Nachwuchshengst Herbstkönig zeigt seine eleganten Bewegungen!

Hengstpräsentation auf dem Gestütshof Offenhausen im Jahr 1926.

Gegenüber auf der Terrasse der Gastwirtschaft, in einem kleinen Garten, sitzen die Sommerfrischler und Radfahrer und genießen ihr kühles Getränk oder ihr Eis. Wie überall auf den Gestütshöfen und Vorwerken vermischen sich viele Interessen, und trotzdem läuft der Betrieb reibungslos weiter.

Gestütsmuseum Offenhausen

In der Klosterkirche, dem ruhenden Pol im Zentrum des Gestütshofes, finden schon lange keine Gottesdienste mehr statt. Nach der Säkularisierung diente sie zeitweilig als Strohlager, doch dann wurde sie 1987 von einem eigens dafür gegründeten Verein restauriert und zu einem Gestütsmuseum umgewandelt. Über zwei Etagen hinweg präsentiert man den Besuchern viele Dokumente über den Werdegang des Gestütes und über die Pferdezucht im Allgemeinen präsentiert. In liebevoller Kleinarbeit hat man historische Kutschen, Sättel, Gemälde, Dokumente und auch Uniformen und Handwerkszeug zusammengetragen und erklärt anschaulich deren ehemalige Funktionen. Landoberstallmeister Dr. Cranz war es ein besonderes Anliegen, die Geschichte Marbachs auf einer historisch-wissenschaftlichen Ebene zu dokumentieren.
Hier im Museum begegnet man auch einem der wichtigsten Hengste des Gestütes: Bairactar – wenn auch in einer etwas reduzierten Form. Sein Knochenskelett ist nicht sehr groß, aber sehr aufschlussreich. Er war das Lieblings-Reitpferd von König Wilhelm I. von Württemberg, ein edler Schimmelhengst mit rein arabischer Abstammung. In den Jahren von 1817 bis 1838 begründete dieser Ausnahmehengst eine eigene Dynastie und nahm durch seine Nachkommen Einfluss auf die gesamte Pferdezucht Europas. Ganz besonders sein Sohn Amurath-Weil beeinflusste die Arabergestüte in Polen und Russland.

In der oberen Etage finden gelegentlich wechselnde Ausstellungen statt, die sich immer mit dem Thema Pferd in der Malerei und Fotografie beschäftigen.

Trakehnerhengst „Herbstkönig" (Interconti x Herbstlied V).

IM PORTRÄT

Frank Bauer

Vorwerk Hau

Wenn Frank Bauer bei Tagesanbruch die quietschende Holztor aufmacht, dann wird es mucksmäuschenstill im Inneren des großen Laufstalls auf dem Vorwerk Hau. Die Aufmerksamkeit aller Junghengste richtet sich auf ihn, sie folgen wie gebannt seinen Bewegungen und hören auf zu Raufen und zu Spielen. Alle Augen sind auf ihn gerichtet, alle Ohren sind gespitzt. Langsam nähern sich die ersten Pferde, machen einen langen Hals und beschnuppern seine Jacke. Es dauert nicht lange, dann ist Frank Bauer umringt von einer ganzen Herde junger Hengste, die ihn vertrauensvoll, aber auch mit Respekt und Neugierde, anschauen. Jeder Tag ist ein Abenteuer für sie und Frank Bauer organisiert das Programm. Solange sie noch im Laufstall nächtigen und dort gefüttert werden, gibt es feste Rituale, die die Menschen bestimmen. Wenn sie dann Tag und Nacht draußen auf den Weiden sind, dann herrschen andere Gesetze.

Doch zunächst gibt es erst einmal Futter. Alle stellen sich brav auf ihren Platz und warten auf ihre Ration. Frank Bauer beginnt zusammen mit einigen Auszubildenden, die Hengste anzuketten und Ordnung zu schaffen. Das tut er mit ruhiger Gelassenheit und mit klarer Stimme. Ihm gefällt das, und er spricht jedes Pferd an. Man spürt, dass er einen ganz besonderen Draht zu seinen Schützlingen hat, diese besondere Mischung aus Verantwortung und Zuneigung und ein intuitives Wissen um den Umgang mit Pferden. Er strahlt die Autorität eines Leittieres aus und bewegt sich genauso souverän – da gibt es keine Diskussionen. Auf uns mag Frank Bauer vielleicht etwas abweisend wirken, doch für die Junghengste strahlt er eine gewisse männliche Dominanz aus, die sie ganz offensichtlich brauchen.

Frank Bauer wuchs bereits mit Pferden auf. Als Schüler musste er in eine Großstadt umziehen, was ihn ziemlich unglücklich machte. Er nutzte die erste Gelegenheit, um wieder aufs Land zurück zu kommen, denn er wusste, dass er nur mit Pferden glücklich werden würde. Im Haupt- und Landgestüt Marbach begann er die Ausbildung zum Pferdewirt mit dem Schwerpunkt Zucht und Haltung, absolvierte die Bereiter- und die Berufsreiterprüfung und wurde Reit- und Fahrlehrer, später machte er dann die

Frank Bauer mit dem Hannoveraner Hengst „Epikur" (Espri x Wariness).

Meisterprüfung. „... Das war eine sehr breite Ausbildung hier in Marbach ...", lobt Frank Bauer den Marbacher Ausbildungsbetrieb.

Ganze 19 Jahre war er im Reitkommando des Gestütes tätig, bevor er im Jahr 2002 die Herausforderung annahm, sich um die Hengstaufzucht auf dem Vorwerk Hau zu kümmern: „... Es geht um die Verantwortung für ca. 200 junge Pferde mit ziemlicher Entscheidungsfreiheit, und das ist genau mein Ding hier. Ich wohne mit meiner Familie im nächsten Ort, in Gomadingen. Von dort aus bin auch schnell hier oben, wenn es dringend ist ..."

Die Verantwortung für die jungen Hengste nimmt er sehr ernst, da muss auch der Familienurlaub manchmal hinten anstehen: „... Ich fahre schon mal eine Woche weg, aber fast nie zwei Wochen am Stück, denn dann würde ich zu unruhig werden ..." Einer der jungen Hengste schiebt neugierig und zutraulich seine Nase über Bauers Schulter, ruhig legt er seine Hand auf die Nüstern des Hengstes, eine sanfte Geste.

„... Aber wissen Sie", spricht er weiter, „... Bei einem solchen Job muss die Familie mitziehen. Meine Frau ist auch pferdeverrückt – ich habe sie ja über die Pferde kennengelernt – und sie kann das verstehen. Wenn da nachts einer eine Kolik hat und ich muss raus, dann sagt auch meine neunjährige Tochter: Papa, geh zum Pferd, das braucht dich. Wenn eines der Pferde wirklich krank ist, dann fühlen alle mit und verstehen meine Unruhe ..."

Dass die Familie so hinter ihm steht, erleichtert ihm seine Arbeit sehr. „... Als Reiter entwickelt man eher einen Bezug zu einem einzelnen Pferd, als zu den Tieren einer Herde, die nach spätestens zwei Jahren wieder komplett wechselt. Damals im Reitkommando hatte ich einen Rapphengst mit Namen „Epikur", der auf einem Auge blind war. Den habe nur ich geritten, denn er hat mir „blind" vertraut, auch wenn ich ihn nach links abgewendet habe, wo er gar nichts mehr sehen konnte. Es war immer ein besonderes Gefühl, mich in seinen Sattel zu setzen und zu spüren, wie diese Welle von Wärme und Zuneigung in mir aufsteigt.

Zunächst gilt meine Fürsorge natürlich unserem Kind, dann kommen die Pferde, dann erst meine Frau – aber sie hat das verstanden und akzeptiert, denn sie hat mich schon so geheiratet ..."

Seit 12 Jahren gilt nun Frank Bauers ganze Aufmerksamkeit dem Wohlergehen der Junghengste. Jedes Jahr lernt er die einzelnen Pferde, die als Absatzfohlen auf dem Hau ankommen, ihre individuellen Charaktereigenschaften und Besonderheiten neu kennen. Während alle fressen, streicht er einem zierlichen Araber über den Hals, fährt dort an einem Bein eines Kaltblüters entlang, das etwas dick aussieht. Er spricht jedes einzelne Pferd mit rauer Stimme freundlich und mit Namen an und strahlt eine fühlbare Ruhe aus, die sich auf die Pferde überträgt. Immer wieder wenden sie sich ihm zu, machen ihm Platz, wenn er vorbei möchte, eine Form des Respekts.

Währenddessen erzählt Frank Bauer: „... Wir haben insgesamt vier Herden hier auf dem Hau, von der jede ihren eigenen Laufstall bewohnt. Diese Gruppe hier besteht aus der eigenen Nachzucht aus Marbach und aus Einstellern. Jeder Hengst hat im Laufstall seinen eigenen Fressplatz mit Namensschild, Geburtsdatum und Abstammung. Da müssen unsere Azubis erst mal lernen, die vielen braunen Warmblüter voneinander zu unterscheiden. Dabei stellt sich schnell heraus, wer von den Neulingen, die den Beruf lernen wollen, die Fähigkeit und die natürliche Autorität hat, um sich wohlgelitten in der Herde zu bewegen.

Die Fohlen aus dem Gestüt sind es von klein auf gewohnt, angefasst und angebunden zu werden. Aber Fohlen, die zugekauft werden oder von anderen Besitzern zur Aufzucht kommen, müssen das oft erst lernen. Es ist einer der ersten Schritte zur Erziehung der Pferde und erfordert viel Geduld. Hier kann man schon eine Menge falsch machen, daher müssen das die Azubis bald lernen ..."

Frank Bauer liegt es besonders am Herzen, dass die Junghengste so viel Freiheit wie möglich haben: „... Ich versuche zu gewährleisten, dass sie so oft wie möglich draußen sind. Eingesperrt sind sie danach noch oft genug im Leben ..." Den Sommer über verbringen die Junghengste meist Tag und Nacht auf den hügeligen Koppeln. Während Schlechtwetterperioden kommen sie über Nacht in den Laufstall – der untere Stall verfügt auch über einen Laufhof. Sind die Koppeln zu feucht, dürfen die Junghengste sich tagsüber im galopierfähigen Laufzirkeln austoben.

„... Wie gesagt, tägliche Bewegung ist die wichtigste Basis für eine gesunde Aufzucht der jungen Hengste. Mit eineinhalb, zwei Jahren sind sie dann bei der guten Fütterung sehr kernig. Da kann man sie kaum noch im Stall halten. Dort gibt es schnell Keilereien und Beißereien und die Schwächeren leiden darunter. Daher müssen sie so oft und so lange wie möglich raus, um sich verausgaben zu können. Beim Rennen, Spielen und Laufen auf den steilen Koppeln testen sie ihre Lungen bis zum Zerreißen, und ihre Sehnen und Bänder werden gestärkt ..."

Wenn Frank Bauer, die Hände in seinen Taschen vergraben, dasteht, die Gestütermütze ins Gesicht gezogen, und auf diese weitläufige Landschaft schaut, mit den Wäldern und Wiesen, den Offenställen auf den Koppeln und den grandiosen Wolkenbildern, die darüber hinwegfliegen, dann fühlt er sich genau am richtigen Platz. Dem einzigen Ort, an dem er all die verschiedenen Weiden überblicken kann. Doch oft steht er dort nicht. Es gibt auf dem Vorwerk Hau noch einen anderen Menschen, mit dem er sich immer gut beraten kann, ja der vielleicht noch ein wenig mehr Erfahrung hier oben hat. Tillmann, wie er von allen genannt wird, gehört auch zur Kategorie der Marbacher Urgesteine. Das Alter des hochgewachsenen und hageren Mannes mit dem immer kahl geschorenen Kopf, kann man kaum einschätzen. Seine Hände sind groß, schwielig, kräftig und trotzdem erstaunlich einfühlsam und nachgiebig mit den Pferden. Wenn er mit ihnen im breiten Schwäbisch schwätzt, hören sie ihm aufmerksam zu. Frank Bauer und Tillmann beraten sich oft über verschiedene Probleme und Pferde, dabei machen sie aber nicht viele Worte. Manchmal genießen sie auch nur, für eine kurze Zeit stumm nebeneinander stehend, den wunderschönen Ausblick auf „ihre" Jungs.

„... Wenn die Herden alle 8 bis 10 Tage die Weiden wechseln, sich dann nach kurzer Zeit die Hektik und Aufregung wieder gelegt hat und alle anfangen zu grasen, dann gibt es nichts Schöneres und Friedlicheres, als sie zu beobachten ..." Da sind sich die beiden Männer einig, die auf dem Hau zuhause sind, und deren Herz für die Junghengste schlägt.

Alle vier Gebäudekomplexe auf dem Vorwerk Hau sind mit Laufwegen verbunden, über die man die Herden treiben kann. Einige alte Bäume, die als Solitäre die Landschaft beherrschen, thronen über den weitläufigen Weiden. In ihrem wohligen Schatten sammeln sich die Pferde und halten ihren Mittagsschlaf.

Das Vorwerk HAU

Kinderstube der Junghengste

Wenn man sich nun von der Kirche abwendet und durch den Innenhof von Offenhausen bergauf blickt, sieht man eine kleine Straße, die sich hinter dem rückwärtigen Gestütstor weiter durch ein schmales Tal bergan zieht. Rechts und links davon stehen die großen, alten Bäume eines kleinen Wäldchens. In einem weiten Schwung führt die Straße nun bergan, tritt aus dem Wald heraus und führt weiter bis auf die Höhe. Stabile Zäune begrenzen den Weg, und dahinter sieht man weitläufige Koppeln, die sich über einige Hänge dahinziehen. Darauf weiden friedlich zwei Pferdeherden. Beim Näherkommen taucht der erste Stallkomplex auf, der sich in eine Mulde schmiegt – man ist auf dem „Vorwerk Hau" angekommen.

Hier liegt der wahre Schatz des Haupt- und Landgestütes, denn „auf dem Hau" befindet sich die Kinderstube der Junghengste. Zahlreiche und weitläufige Koppeln gewährleisten eine gesunde und bodenständige Aufzucht der Jungpferde im Herdenverband. Drei verschiedene Stallungen sind über das Gebiet verteilt, und jede Anlage hat eine direkte Verbindung zu den verschiedenen Weiden, die immer über Laufwege verbunden sind.

Im Winter haben die Hengstherden von je ca. 30–40 Pferden zum Schutz der Weiden nur eine kleinere Fläche zur Verfügung und übernachten im Laufstall. Bei permanentem Regen oder sehr schlechten Witterungsverhältnissen können sie sich in einem überdachten Rundlauf, auch Zirkel genannt, austoben. Dafür sind sie ab April/Mai bis zum Herbst Tag und Nacht draußen auf den Weiden und genießen ihre Freiheit. Zwar haben sie auch dort Unterstellmöglichkeiten und Weidehütten, doch meist machen sie keinen Gebrauch davon. Nach Herzenslust rennen, spielen, raufen, schlafen und fressen sie den ganzen Tag. So kräftigen die jungen Hengste ihre Lungen und Muskeln beim Hinauf- und Hinabrennen über die hügeligen Weiden, und das Grünfutter selbst erfüllt die höchsten Ansprüche, die heutzutage an die artgerechte Ernährung von Pferden gestellt werden. Erfahrene Gestüter, die schon mehr als 30 Jahre hier arbeiten, betreuen die Jungtiere und wachen über sie, bis dann mit 3 Jahren ihre herrliche Freiheit endet und ihre Ausbildung zum Reit- oder Fahrpferd beginnt.

Die Stallungen aus rotem Backstein stammen aus dem Ende des 19. Jahrhunderts und wurden schon damals als Laufställe konzipiert. Nur zur Fütterung bindet man Jungpferde an, ansonsten bewegen sie sich frei auf der 20 x 40 Meter großen Innenfläche.

Ausreichend belüftet werden die Ställe über hohe Fenster, die meist halb geöffnet sind. Diese Art der Pferdehaltung findet man bei fast allen europäischen Staatsgestüten, die auf eine lange Geschichte zurückblicken, und sie hat sich als maßgebend für die gesunde Aufzucht von Pferden erwiesen.

Wenn man oben auf der Kuppe des Hau steht, dann hat man von einem bestimmten Platz aus alle Koppeln mit über 100 Pferden, die sich dort tummeln, im Blick. Was für ein wundervoller Anblick. Man sieht kein Dorf, keine Straße und keinen Menschen – nur Pferde in einer grünen Landschaft aus Wäldern und Hügeln, die sich über den Horizont erstrecken.

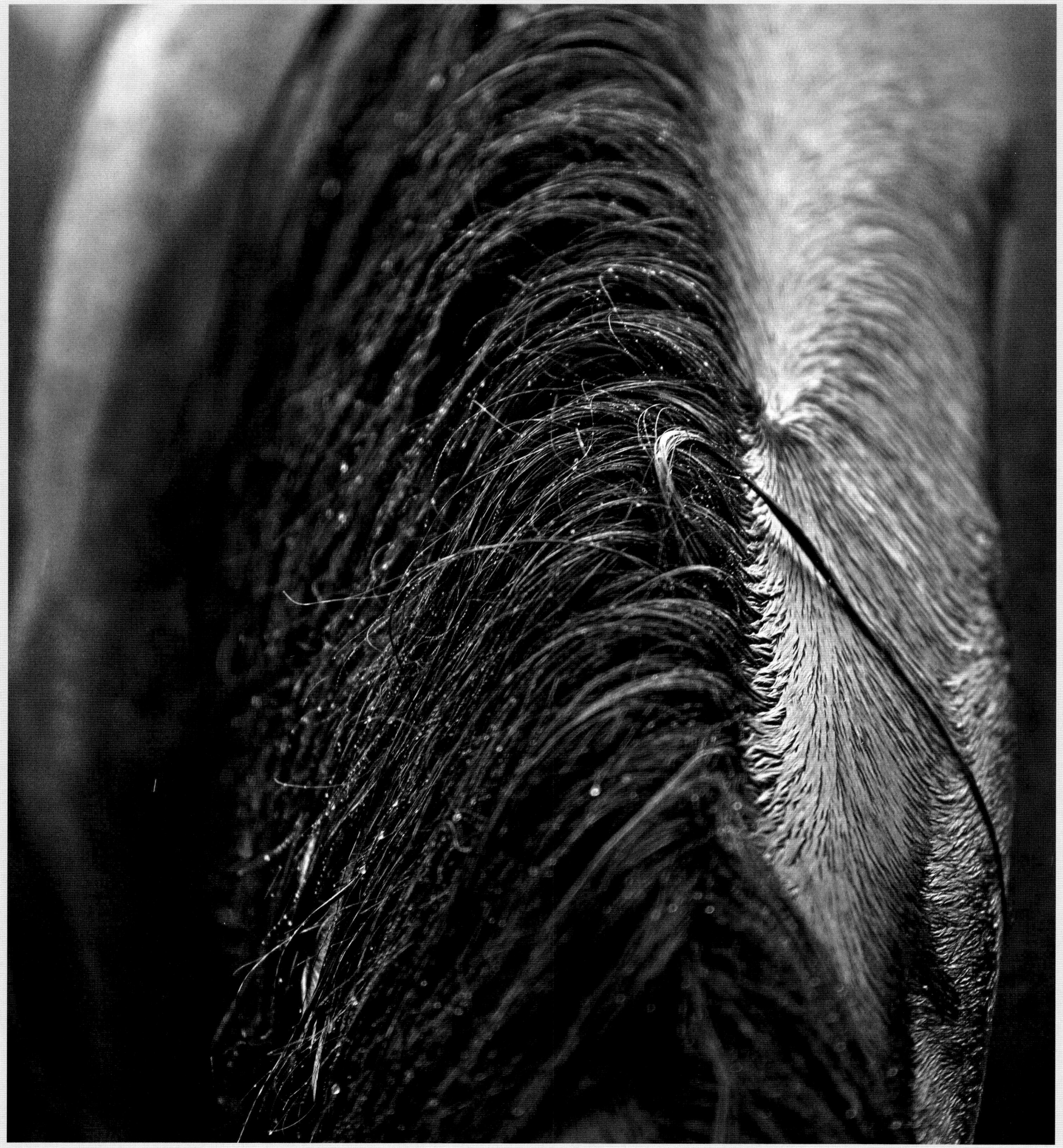

Die Aufzucht von jungen Pferde erfordert Geduld und Liebe

Man fühlt sich auf dem Hau zurückversetzt in die Zeit um 1880, als die Pferdezucht noch ein wichtiger ökonomischer und militärischer Faktor für das Schicksal eines Landes wie Württemberg war. Heutzutage haben Pferde einen anderen Stellenwert, sie bedeuten für den Menschen etwas ganz anderes: Sie sind Freunde, Freizeitpartner und Ausgleich für gestresste Seelen. Damals waren sie aus dem alltäglichen Leben nicht wegzudenken und sicherten die Mobilität der Menschen. Sie waren sogar kriegsentscheidend und wurden in Feldzügen massenweise geopfert. Beispielsweise kehrten von den 25.000 Soldaten zu Pferde, die zusammen mit Wilhelm I. von Württemberg Napoleon auf den Russlandfeldzug begleiteten, nur ca. 500 Reiter nach Hause zurück. Tausende Menschen und Pferde waren umgekommen und das Land entvölkert. Immer wieder hat dieses Land von vorn angefangen, seine Pferdezucht neu aufgebaut, und immer wieder hat es qualitativ wertvolle Zuchtlinien entwickelt. Auch aus diesem Grunde hat das Erbe, das mit dem Haupt- und Landgestüt Marbach weiter fortgeführt wird, eine so große Bedeutung. Hier werden alte Blutlinien geachtet und weitergezüchtet, aber man war schon immer fortschrittlich genug, die Tendenzen der modernen Pferdezucht zu sehen und Rassen zu züchten, die gebraucht werden, für viele verschiedene Disziplinen und Verwendungszwecke.

So werden auch diese jungen Hengste, die gerade ausgelassen über die Hänge galoppieren, ihre Bestimmung finden, ob im Sport oder als Freizeitpferd. Es sind gute Pferde mit dem besonderen Brandzeichen Marbachs – dem „M", gekrönt von einer Hirschstange.

Der Gestütshof ST. JOHANN

Ausbildungsstätte der Junghengste

Über 760 Meter hoch am Nordrand der Alb liegt der Gestütshof von St. Johann und ist damit der höchst gelegenste und auch der größte landwirtschaftliche Betrieb des Haupt- und Landgestüts. Die Anlage geht auf ein Waldbruderhaus des Klosters Güterstein zurück, wurde aber schon bald zu einem herzoglichen Jagdhaus umgebaut. Das ist nicht verwunderlich, denn noch heute ist die Landschaft hier wild und rau, und die waldreichen Gebiete sind und waren ein ideales Jagdgebiet. St. Johann liegt nur 17 km von Marbach entfernt, und doch hat man das Gefühl, in eine andere Welt einzutauchen ...

Das alte Jagdhaus St. Johann wurde schon im Jahr 1674 als Fohlenaufzuchtstation genutzt und dann 1767 endgültig zu einem Gestütshof erweitert. Über 420 Hektar Land umgeben die Anlage. Wenn man bedenkt, dass der landwirtschafliche Betrieb früher nur mit Hilfe der Pferdekraft bewerkstelligt wurde, dann kann man sich die Betriebsamkeit vorstellen, die hier herrschte. Man spannte für die Feld- und Waldarbeit sowohl Deckhengste als auch Zuchtstuten ein, keiner ruhte sich hier auf der faulen Haut aus. Diese Arbeit war sozusagen eine wahre Leistungsprüfung für die Hengste und Stuten, zu einer Zeit, als man an diese Art der Prüfungen noch gar nicht gedacht hatte. Eingesetzt wurden die Pferde für viele verschiedene Arbeiten:sie gingen vierspännig vor dem Heuwagen, zogen die Fuhre mit den Korngaben aus dem Feld und wurden zum Pflügenangespannt.

Die Hofanlage wird dominiert von einem Fachwerkgebäude mit über Kreuz angebrachten Pferdeköpfen auf dem First. Das Holz der Streben ist rot gestrichen und die Fachungen leicht gelblich, so wie es früher in der Region üblich war.

Der Gestütshof St. Johann mit dem Vorwerk Fohlenhof ist der größte landwirtschaftliche Betrieb Marbachs. Er ist auch eine wichtige Ausbildungsstätte für die jungen Pferde und hatte nur eine kleine Reithalle zur Verfügung. Jetzt wurde eine moderne Halle gebaut, die viele neue Möglichkeiten eröffnet. Doch ein Ritt durch die Wälder und über die idyllischen Wege ist für Reiter und Pferd zu jeder Jahreszeit am schönsten.

Schlittengespann mit den attraktiven Schwarzwälder Hengsten „Feldbach" und „Vento".

Vor dem Fachwerkgebäude steht ein gusseiserner Brunnen, aus dem die Pferde und das Vieh getränkt wurden, der alte Pumphebel funktioniert immer noch. Hier sind die Jungpferde untergebracht, für die der Ernst des Lebens beginnt: Mit viel Ruhe und liebevoller Geduld werden sie an Sattel und Zaumzeug gewöhnt und zu vielseitigen und zuverlässigen Reit- und Fahrpferden ausgebildet.

In dem ehemaligen Forsthaus, das zu St. Johann gehört, befibdet sich eine Gastwirtschaft untergebracht, die regionale Speisen anbietet und übers Wochenende viele Menschen aus Tübingen und Reutlingen anzieht. Man kann draußen auf der lauschigen Terrasse unter den alten Bäumen sitzen und dem Treiben im Gestütshof zuschauen. Ringsherum auf den Koppeln tummeln sich Schwarzwälder Hengste und Warmblüter, die hier eingestellt sind.

Wenn im Winter der glitzernde Schnee die Hochfläche der Alb bedeckt und die Bäume weiß überzuckert sind, dann kann man eine winterliche Schlittenfahrt buchen. Vorgespannt werden meistens die mächtigen Schwarzwälder Kaltblüter mit ihren blonden Mähnen. Es ist ein wundervoller Anblick, wenn sie mit Temperament und Kraft den Schlitten über den Schnee ziehen. Ihr heißer Atem pustet weiße Fahnen in die kalte Luft, Dampf umhüllt ihre Körper, und das rhythmische Schellengeläut des Geschirrs ist schon von weitem zu hören. Ein ganz besonderes Erlebnis – nicht nur für Pferdefreunde.

Linker Hand, bevor man zu den festen Gebäuden kommt, liegt ein Rundlauf. Wie auf allen anderen Gestütshöfen bildet er den Herden auch bei sehr schlechtem Wetter, Regen und Eis die Möglichkeit zur Bewegung. Eines der Grundgesetze der gesunden Pferdeaufzucht heißt, dass die Pferde laufen können müssen, um ihren Bewegungsapparat zu entwickeln. Es gibt nichts Schlimmeres für ein Jungpferd, als in einer Box eingesperrt zu sein. Der Rundlauf hat einen Durchmesser von ca. 30 m, ist außen mit Holzpanelen eingefasst und zu einer inneren Freifläche hin mit einfachen Latten abgegrenzt. Die Breite des Laufs beträgt ca. 5 Meter.

Der Fohlenhof ist der Ort für die Aufzucht der Stuten, so wie der Hau für die Aufzucht der Junghengste. Doch da die jungen Stuten ein wenig zarter sind als die Hengste, wird den Absetzern, die alle zwischen 5 und 7 Monate alt sind, immer eine ältere Ammenstute mitgegeben. Die Ammenstuten wirken beruhigend und sind sozusagen der Vertrauenspol der Herde. Die Stuten selbst, die ihren Job kennen, sind sich ihrer Aufgabe wohl bewusst.

Doch das Besondere des Fohlenhofs ist der Blick über die weitläufigen Weiden, mit ihren Pferden und die Wälder der Alb. Hier oben hat man einen ungehinderten weiten Blick, denn direkt hinter dem Fohlenhof bricht die Hochfläche ab, und ein steiler Berghang führt hinunter ins Tal. In der Mitte dieses Bergs entspringt ein Bach, der bald über Klippen und Steine tanzt, der Bad Uracher Wasserfall.

IM PORTRÄT

Familie Strobel

Vier Generationen für Marbach

Die Strobels, die gibt es in Marbach gleich im Doppelpack: Die Brüder Rainer und Herbert. Der jüngere von beiden, Herbert, leitet das Vorwerk Schafhaus, der ältere, Rainer, ist für die gesamte Aufzucht der Fohlen im Gestütshof St. Johann sowie den Vorwerken Fohlenhof und Güterstein zuständig. Wenn man Rainer Strobel treffen möchte, dann fährt man die große Ahornallee von St. Johann so weit hinunter, bis sich am Ende ein wunderschönes Fachwerkgebäude hinter dem dichten Laub der alten Bäume blicken lässt: Das Vorwerk Fohlenhof. Der Weg führt einen kerzengerade auf ein Wohnhaus zu, das aus dem Jahr 1720 stammt und im Jahr 2008 fertig renoviert wurde. Nicht ganz so lange, aber länger als jede andere Familie – mehr als vier Generationen – stehen die Strobels im Dienste des Haupt- und Landgestüts Marbach. Oder vielleicht anders herum ausgedrückt: Seit vielen Jahrzenten sind die Strobels mit Marbach und den Pferden verwachsen. Wie die Pferde sind auch sie hier geboren, auf der gleichen Scholle, im selben Klima und teilen die gleiche raue, aber herzliche „Aufzucht" – das passt alles.

Wenn man auf ein altes Foto aus den 70er Jahren schaut, auf dem Vater Willi Strobel mit dem

Willi Strobel

Herbert Strobel

Rainer Strobel

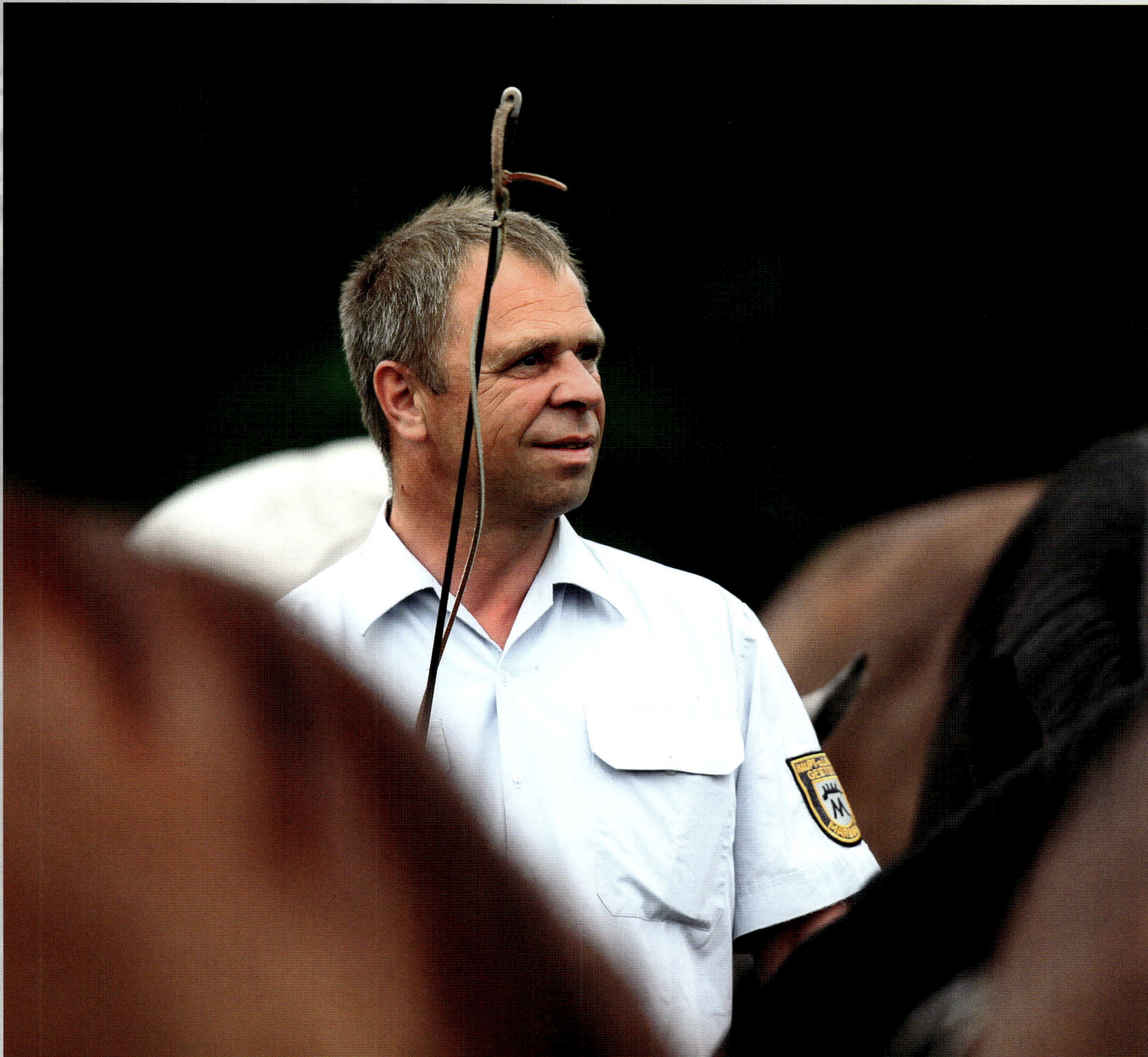

Hengst „Jugol" zu sehen ist, kann man die Ähnlichkeit in den Gesichtern erkennen. Nein, die Strobels kann man nicht verwechseln: Kräftige, leicht untersetzte Männer mit offenen Gesichtern, blauen Augen und einem geraden Blick. Sie vermitteln Vertrauen und strahlen ruhige Beständigkeit aus. Man beginnt sich vielleicht zu fragen, ob dieser Charakter, das Ruhen in sich selbst, nicht schon über viele Generationen hinweg von den Pferden beeinflusst wurde? Genau wie bei vielen großen Reitern und Pferdemenschen, die dieses Wissen um die Pferde bereits mit der Muttermilch mitbekommen haben, genauso liegt den Strobels die Fürsorge für die Pferde im Blut. Sie hatten immer Spaß am Reiten, aber nie den großen Ehrgeiz. Sie sind auch eher schweigsam und verstehen lieber ohne Worte.

Für den jungen Rainer war es von klein auf keine Frage, dass er in die Fußstapfen seines Vaters Willi, Großvaters Georg und Urgroßvaters Christian treten wollte.

„... Als mein Vater in Pension ging, habe ich mich ganz selbstverständlich auf seine Stelle beworben. Das war die einzige Bewerbung, die ich damals geschrieben habe ...", erinnert er sich. „... Ich hätte mir gar nicht vorstellen können, hier nicht mehr zu sein. Kaum dass ich laufen konnte, war ich mit meinem Vater schon früh morgens draußen, um die Pferde auf die Koppeln zu lassen. Mein Bruder und ich, wir hatten die herrlichste Kindheit der Welt, inmitten von Pferden, weit weg, als dass man uns viel hätte verbieten können. Unsere Eltern waren schon streng, aber sie haben gesehen, wie es uns zu den Pferden hinzog und da konnte auch mein Vater weich werden.

Ob ich mal gerne was anderes gesehen oder die Gegend verlassen hätte? Ganz sicher nicht. Wenn ich morgens zum Fenster rausschaue und die Landschaft sehe, dann bin ich ein zufriedener und glücklicher Mensch. Ringsherum nur Natur, Freiheit und Pferde, das ist mein Leben. Viel Zeit zum Müßiggang und Genießen gibt es jedoch nicht, mal abends, wenn da drüben die Sonne untergeht und die Nächte im Sommer länger sind. Doch besonders der Winter ist sehr arbeitsintensiv, wenn die Pferde nur stundenweise rauskommen, weil es zu kalt oder der Boden zu nass ist. Dann brauchen wir viel Zeit, um die Laufställe in Ordnung zu bringen. Im Sommer sieht es etwas anders aus, da sind die Pferde dann Tag und Nacht draußen. Ich gehe morgens und abends nur über die Weide und schaue mir jedes einzelne Pferd an, ob es ihm gut geht. Dann sind wir mehr mit der Heuernte oder all den Aktivitäten beschäftigt, die auf dem Hauptgestüt abgehen: Veranstaltungen, Hengstparaden und so weiter. Alle packen dann mit an, wenn es gilt einzuspannen und hinter den Kulissen zu rennen ..."

Zunächst war Rainer Strobel nach seiner Lehre (1978–1981) bis 1993 im normalen Gestütsbetrieb im Einsatz. Doch nun ist er seit 20 Jahren auf dem Vorwerk Fohlenhof. Wenn man den großen Laufstall, ein Backsteingebäude von 1883, durch eine Seitentür betritt, dann kommt man in das kleine Büro, auch Aufwärmstube genannt. Hier bollert im Winter der Ofen und man kann sich die Hände wärmen. Es hängt auch noch ein schwerer alter Tuchmantel mit dem Gestütsemblem im Schrank, so wie ihn die Gestüter früher trugen; doch die neuen grauen Jacken des Gestütes sind einfach wärmer und praktischer.

Ein alter Schreibtisch, auf dem Listen mit Pferdenamen liegen, steht im Raum, abgesessene Holzstühle drum herum und überall ein paar alte Bilder von Marbacher Hengsten. In der Ecke stehen einige Longierpeitschen, sie sind wichtige Instrumente für den Gestüter, um die Herde dirigieren zu können. Von hier aus geht man durch eine Eisentür und steht direkt im Stall. Einige Pferdeköpfe drehen sich etwas erstaunt kurz herum, dann schauen sie alle wieder in die andere Richtung. Dort steht Rainer Strobel und öffnet die oberen Stalltüren, kalte Luft kommt herein, die die Pferde begierig einsaugen. Die jungen Stuten sind wesentlich feiner und zierlicher als die kräftigen Jungs, die auf dem Vorwerk Hau großgezogen werden. Sie „rüpeln" auch nicht so herum, sondern warten geduldig, fast ein wenig ängstlich, bis Strobel eine ältere Stute am Halfter packt und mit ihr durch die geöffneten Stalltore hinausgeht. Erst zögerlich, dann fröhlich und ausgelassen folgen die noch jungen Absatzstuten auf die große Weide hinaus. Damit die Absetzer sich nicht so verloren fühlen, ist immer eine ältere Stute in der Herde.

„... Die fühlen sich ziemlich wohl bei den jungen Stuten, das hat sich bewährt. Um den Stress für die Jungpferde so gering wie möglich zu halten, haben wir zudem drei Absetztermine eingeführt: Der erste Termin ist Ende August, Anfang September für die im Februar und März geborenen Fohlen. Der zweite dann nach der Hengstparade für die im April und im Mai geborenen Fohlen. Dann haben wir ja immer noch ein paar Fohlen, die erst so Mitte, Ende Mai, Anfang Juni geboren werden, die werden dann Mitte November abgesetzt, so dass diese späten Fohlen auch die Chance haben, fünf, sechs Monate bei ihren Müttern zu bleiben. Es hat sich gut bewährt, die Fohlen an solchen Sammelterminen gemeinsam in die Herde zu integrieren. Ein einzelnes Fohlen hätte es sonst schwer, aber wenn 10, 15 neue Fohlen kommen, dann verteilt sich die Aufregung. ..."

In den großzügigen Laufställen hat jedes Fohlen seinen Platz mit einer eigenen Namenstafel, auf der Vater, Mutter und die Abstammung verzeichnet sind. „... Beim Anbinden achten wir drauf, die Fohlen nach Rassen zu sortieren. Wenn die Warmblüter, die Kaltblüter und die Araber beieinander stehen, können wir individuell nach Rasse füttern ..."

Rainer Strobel beobachtet, dass sich innerhalb einer Herde immer wieder verschiedene Gruppen bilden: „... Gerade die Araber halten zueinander, wenn sie auf der Weide sind. Die Warmblüter bilden normalerweise auch eine eigene Gruppe, und bei den Schwarzwäldern ist das nicht anders. Ich denke, die Rassen erkennen sich. Interessant ist es zu beobachten, wenn einzelne Haflinger oder andere Rassen in der Gruppe sind – die schließen sich dann oft bei den Arabern an ..."

Rainer Strobel hat eine sanfte Art, mit den Fohlen zu sprechen und sich ihnen langsam und entspannt zu nähern. So kann er auch mühelos ein Pferd einzeln herausnehmen, sollte es sich verletzt haben und behandelt werden müssen. Manchmal liegt die halbe Herde im Sommer auf der Wiese und hält Mittagsschlaf. Rainer Strobel kann durch sie hindurchgehen, ohne dass die Pferde hochschrecken. Die eine oder andere Stute öffnet kurz einmal ein Auge und denkt sich dann vielleicht: „das ist ja nur der Strobel, da kann ich ruhig weiterschlafen."

Rainers Bruder Herbert Strobel, der viele Jahre im Gestütsbetrieb und auf den deckstationen tätig war, ist seit dem Jahr 2005 für das Vorwerk Schafhaus zuständig. Kaum 4 km Luftlinie vom Fohlenhof entfernt hat das Haupt- und Landgestüt Marbach eine Möglichkeit geschaffen, dass Pferde dort in Ruhe alt werden dürfen und viel frische

Luft, Auslauf und Fürsorge bekommen. 25 ältere Pferde sind hier zuhause. Darüber hinaus gibt es eine Wallachherde und eine Jungstuten-Aufzuchtherde für Pferde, die nicht aus Marbach kommen. Herbert Strobel sorgt sich um die Jungen und die Alten, dass alle ihre individuellen Futterrationen bekommen und es keinen Streit gibt. Dafür werden alle Pferde jeden Tag bei der Fütterung angebunden und kontrolliert. Danach öffnen sich die Tore wieder, und es geht hinaus auf die großflächigen Weiden. Doch mit seinen Rufen kann Herbert Strobel sie auch wieder zu sich locken. Dann stehen die Pferde vertrauensvoll um ihn herum, prusten ihn an, und man spürt die Verbindung, die da zwischen ihnen besteht. Es ist schon bewundernswert, mit welcher Gelassenheit und Selbstverständlichkeit die Strobels mit den Pferden umgehen, einer wie der andere. Rainer Strobel hat die generelle Verantwortung in St. Johann für die Aufzucht der Jungpferde, dazu gehört auch das Schafhaus, und so arbeiten die beiden Brüder oft eng zusammen.

Draußen auf dem Hof liegt der Wolfspitz in der Sonne und um ihn herum liegt Kinderspielzeug, ein Trecker und kleine Holzwagen. Drei kleine Jungs sausen auf ihren Fahrrädern und Rollern über den Hof. Das ist die fünfte Generation der Strobels. Und so wie es aussieht, wird mindestens eines dieser Kinder die Familientradition weiterführen und bei den Pferden in Marbach bleiben.

Auch die Anfänge des Vorwerks Güterstein, in der Nähe von Bad Urach, gehen auf ein Kloster zurück, das den Kriegen zum Opfer fiel. Dann wurde es von König Wilhelm I. von Württemberg neu angelegt und als Fohlenaufzuchtstätte genutzt. Im Innenhof des Vorwerks steht ein reich verzierter Brunnen, ehemals Mittelpunkt des täglichen Gestütsbetriebs.

Das Vorwerk GÜTERSTEIN

Kaum 2000 Meter Luftlinie vom Fohlenhof liegt das Vorwerk Güterstein, doch nicht auf der Alb, sondern am Fuss des steilen „Albtrauf“. Da geht es 180 Meter senkrecht hinunter und mitten im Fels entspringt der Bad Uracher Wasserfall. Dieser versorgte das im 13. Jahrhundert erbaute Zisterzienzer-Kloster mit frischem Wasser. Eingebettet in das enge Tal, lag es etwas versteckt und war von den Blicken der Durchreisenden geschützt. Man findet in historischen Aufzeichnungen den Vermerk, dass schon 1482 dort Fohlen aufgezogen wurden. Seine Blütezeit hatte das Kloster im 15. Jahrhundert, als Kartäuser es übernommen hatten und seinen Einfluss ausbauten, doch leider überstand kein Gebäude die Jahrhunderte. Im Jahre 1818 wurden auf Geheiß Wilhelms I. die Ruinen abgerissen und dort eine Aufzuchtstätte für Fohlen erbaut, als Vierkanthof im Fachwerkstil.

Eine lange Apfelbaumallee führt von Bad Urach aus auf das lang ausgestreckt liegende Fachwerkgebäude zu, das im unteren gemauerten Bereich die Pferdeställe beherbergt. In der Mitte der Fassade liegt das Eingangsportal. Es sieht aus wie ein offener Mund, gerade groß genug, dass ein Erntefuhrwerk hindurch passt. Dahinter steht ein Wohngebäude, das älteste Fachwerkhaus des Gebäudeensembles, das in sich abgeschlossen konzipiert wurde. Im Hof selbst findet man den obligatorischen Brunnen, aus dem die Pferde getränkt wurden, mit dem Wappen der Württemberger.

Auch hier findet man den hölzernen Glockenturm, gleich mit zwei Glocken auf dem Dach des Stallgebäudes. Traditionell sind die Ställe im Erdgeschoss aus Stein erbaut und das darüberliegende Geschoss in Fachwerk. Die Durchfahrt mit einem Rundbogen führt in den Innenhof zum Brunnen, der vom Bad Uracher Wasserfall gespeist wird.

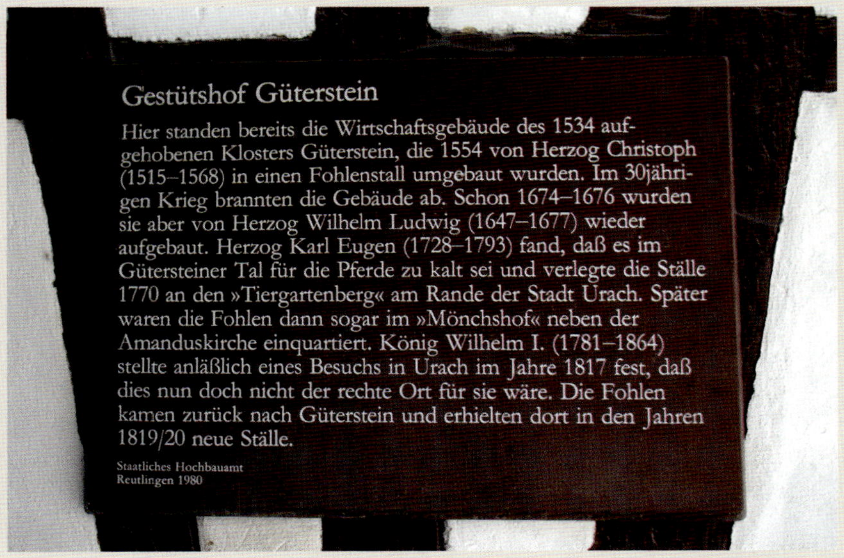

Die lange Seite des Hofes wird beherrscht von dem großen Laufstall, in dem die jungen Pferde ihr Zuhause haben. Hier treffen auch die ersten Sonnenstrahlen des Frühlings wieder auf den Hof, der für einige Monate im Winter ganz im Schatten der Alb liegt und lange noch vom Schnee umgeben ist.

„... Da weiß man, der Frühling ist nicht mehr weit ...", sagt Hauptsattelmeister Werner Tautermann, der seit drei Jahrzehnten die Junghengste in Güterstein in seiner Obhut hat und zudem einige Gestütsveteranen betreut.

Auf der Rückseite führt nur der kleine Weg zur Fohlensteige aus dem Hof heraus. Er verbindet Güterstein mit dem Fohlenhof und St. Johann. Der Name ist dadurch zu erklären, dass früher die Gestüter vom Fohlenhof und von Güterstein gleichzeitig mit einer Gruppe von Fohlen bzw. Jungpferden losgingen, um sich dann auf halber Höhe zu treffen. Dort tauschten sie die Pferde aus – Fohlen gegen Jungpferde – und kehrten wieder auf ihre Höfe zurück. Dies passierte immer im Herbst und im Frühjahr.

IM PORTRÄT

Werner Tautermann

Vorwerk Güterstein

Wenn man mit Werner Tautermann spricht, dann fragt man sich unwillkürlich, wie alt er wohl sein mag. Seine Augen blitzen schelmisch hinter der schwarzumrandeten Brille. Ein vergnügtes Lächeln sitzt in seinen Mundwinkeln und sein Schnauzer ist akkurat getrimmt. Die schwarze Gestütermütze mit dem Marbacher Zeichen wird auf seinen kurz geschnittenen, grau melierten Haaren würdevoll getragen und geliebt; auch sie trägt sozusagen ihr Alter mit Stolz, wie es auch Herr Tautermann tut. Heute ist er ganz offiziell in seiner Gestütsuniform gekleidet, einfach schwarz, aber darunter trägt er eine schicke rote Weste. Es ist ein besonderer Tag, denn er hat einen Fototermin mit seinem Lieblingshengst „Wanilo". Doch dieser hat ihn fast zum Verzweifeln gebracht, weil er beim Fotoshooting nicht so ruhig stehen wollte, wie es sich für einen Veteranen gehört.

„... Diesen Schimmel mag icn ganz arg. Den hab ich schon damals als Zehnjährigen auf der Deckstation dabei gehabt. Später ist er in die Fahrschule gekommen, bis ein Malheur mit seiner Sehne passierte. Jetzt hat er sich sein Gnadenbrot verdient, aber manchmal vergisst er eben sein Alter. Als er Modell stehen sollte, hat er wohl gemeint, er sei noch ein dreijähriger Jungspund. Er ist kaum mal eine Sekunde lang still gehalten und hat die ganze Zeit gewiehert. Da haben wir alle ganz schön geschwitzt, aber auch gelacht. Doch er hat sich ganz offensichtlich seines Lebens erfreut und die Aufmerksamkeit genossen ..."

Man spürt den persönlichen Bezug, den Werner Trautermann zu den alten Hengsten hat, die bei ihm mit dem Wissen eingestellt werden, dass es ihnen beim Tautermann gut geht, denn in Güterstein ticken die Uhren anders.

Im Stall unter dem Wohnhaus steht noch ein anderer Teilzeitpensionär: „... Das hier ist mein ganz Alter, der „Champ" (Le Champion). Er ist jetzt in diesem Frühjahr 29 geworden, und letztes Jahr hat er in Marbach noch gedeckt – das soll ihm erst mal einer nachmachen. Doch in der Decksaison nimmt er immer ein paar Pfund ab ... Aber hier päppeln wir dich wieder auf ... ", murmelt er dem Hengst liebevoll ins Ohr. „... Da er nur noch wenige Zähne im Mund hat, bekommt „Champ" eingeweichte Wiesencobs, dazu ein bisschen Müsli, ein bisschen Weizenkleie und viel Liebe – das mag er. Und dies sieht man ihm auch an, denn er sieht gut aus. Das sagt die Chefin auch immer ..." Tautermann streichelt dem alten Hengst noch einmal zärtlich über den Hals.

Seine Hand ist schwielig und erscheint älter, als seine lebenslustigen Augen es zugeben wollen. Sie erzählt von den vielen Jahren harter Arbeit, vom Zäunesetzen, Boxenmisten, Pferdeputzen und vielem mehr – ein Zeugnis von einem ganzen Leben mit den Pferden.

„... Für mich gab es von jeher nur einen Beruf mit Pferden. Schon als kleines Kind waren für mich die sechs Wochen Sommerferien bei der Oma auf dem Bauernhof immer die schönste Zeit im Jahr ..."

Sein älterer Bruder war bereits in Marbach angestellt, als er den jungen Werner an einem Sommermorgen im August 1967 hinten auf dem Moped mit zum Gestütschef Dr. Wenzler nahm – „... und gleich am Montag drauf konnte ich antanzen. Beim Willi Strobel habe ich dann mit 14 Jahren angefangen, das war der Vater von Rainer Strobel, der dort heute die Verantwortung trägt. Eine Lehre gab es damals noch nicht, Mitte der 70er-Jahre holte ich das nach und machte die Prüfung zum Pferdewirt und dann zum Pferdewirtschaftsmeister ..."

Es folgte ein Werdegang wie so viele damals in Marbach, bis zum Tag, als Oberlandstallmeister Dr. Cranz den Tautermann nach St. Johann schickte. „... Das war eine schöne Zeit, als ich über den Winter die Junghengste eingeritten oder eingefahren habe – mit den gleichaltrigen Kollegen. Im Frühjahr bin ich auf die Deckstation gegangen, immer mit zwei bis drei Hengsten.

Und 1999 kam ich dann nach Güterstein. Das war ein großer Vertrauensbeweis, denn dort hatte ich plötzlich die alleinige Verantwortung, da wir hier ja weit ab vom Schuss liegen. Ich liebe diesen Ort und kenne jeden Stein, jede Wiese und die besten Weidestellen. Doch wenn Sie denken, wir schieben hier eine ruhige Kugel mit unseren Rentnern, dann haben Sie sich geirrt, warten Sie einen Moment ..." Er verlässt die Box von Wanilo, schiebt die große Tür schwungvoll zu, zieht seine Jacke aus, hängt sie an den Haken und schlüpft in die graue Arbeitskutte der Gestüter. Dann geht er durch eine kleine Stalltür – wir mit ihm –, die sich leise knarrend hinter uns schließt, und wir stehen sozusagen im Dunkeln. Der wundervolle Geruch von Pferdekörpern liegt in der Luft, man hört ein Schnauben und Prusten, erwartungsvoll wird mit den Hufen gescharrt. Dann gewöhnen sich die Augen an die Umgebung: Ein ganzer Stall voller junger Hengste, Schwarzwälder, Warmblüter, Araber, gestütseigene Pferde und Einsteller. Eine große bunte Herde, eine richtige Rasselbande. Es gehört schon viel Erfahrung dazu, diese jungen Kerlchen zu bändigen.

„... Wenn Sie das schönste Bild haben wollen, das es in Güterstein gibt", sagt Tautermann, „einen wirklich wunderschönen, unvergesslichen Moment, dann gehen Sie jetzt raus und laufen etwas die Apfelbaum-Allee runter in Richtung Bad Urach. Dann lass ich die Jungs raus, die wollen auf ihre Koppel. Sie werden direkt auf sie zukommen. Keine Angst, unten ist schon abgesperrt, die kommen nicht weit ..."

Und er hat Recht, der gute Herr Tautermann. Wenn man von dort aus nach oben blickt, dann sieht man das ehemalige Zisterzienserkloster mit seinem lang gestreckten Fachwerkbau, das 1819/20 zum Gestütshof Güterstein wurde, malerisch vor dem steil aufragenden Wald in der Sonne liegen. Die Allee der Apfelbäume steht in voller Blüte. Und dann gehen die Tore der Stallungen auf, man hört eine dunkle Männerstimme die Pferde rufen, und alle folgen sie Werner Tautermann hinaus in die Frühlingssonne, überholen ihn mit Freudensprüngen und galoppieren auf direktem Weg zu ihrer Koppel. Zurück bleibt ein breites Lächeln auf unseren Gesichtern, und man sieht ein Leuchten in Werner Tautermanns Augen, voller glücklicher Zufriedenheit.

Werner Tautermann mit dem Hannoveraner Hengst „Wanilo" (Wanniger x Lombardei).

Der Name Schafhaus weist auf die ursprüngliche Funktion des Hofes als Aufzuchtstation für Schafe hin. Heute ist er ein Seniorensitz für Pferde, die hier ihren Lebensabend verbringen dürfen. Doch auch eine Wallachherde und einige Aufzuchtpferde von Privathaltern tummeln sich auf den großen Weiden rund um den Hof.

Das Vorwerk SCHAFHAUS

Dieser Hof gehörte nicht traditionell zu den Besitztümern des Haupt- und Landgestütes Marbach. Das Schafhaus liegt circa 5 km vom Gestütshof St. Johann entfernt in Richtung Reutlingen und wurde vor ca. 30 Jahren angekauft. Zunächst wurde der Hof, wie der Name schon sagt, als Aufzuchtstätte für Schafe genutzt, die auf den weiten, heideartigen Hochflächen der Alb grasten. Auch heute gibt es noch eine Schafprüfstelle im Vorwerk Schafhaus, bei der die Qualität der Lämmer bestimmt wird. Später hielt man dort eine Herde Milchrinder und beweidete das Gelände intensiver. Vor 20 Jahren wurde dann das Schafhaus in einen Pensionsbetrieb für alte Pferde umgestaltet, die hier ihren Lebensabend genießen dürfen.

Der älteste Pensionär ist 31 Jahre alt und wurde in Marbach geboren und dann als Jungpferd verkauft. Jetzt ist er wieder zurück in Marbach und genießt zusammen mit 24 anderen Pferden die gute Pflege durch den Hauptsattelmeister Herbert Strobel, der als junger Mann hierher kam und ebenfalls mit seiner Familie auf dem Schafhaus wohnt. Eine weitere Herde von 30 Wallachen, alle im Alter von 3 Jahren, befindet sich außerdem in seiner Obhut. Dies sind vor allem Einstellpferde,

deren Besitzer wissen, dass es ihren Jungpferden hier oben gut geht. Eine zweite Herde von Jungstuten, einige arabische Stuten aus der Gestütsherde, aber auch viele Einsteller, bewohnen ebenfalls die große luftige Halle, die aus Holzständern und Fachwerk gebaut ist. Sie alle haben über 80 Hektar arrondierte Weiden zur Verfügung, zu denen Laufwege führen, die mit Gattern abgesperrt werden können. Wenn das Wetter ganz schlecht ist, dann gibt es Paddocks, die mit Häcksel bedeckt werden, damit die Pferde nicht im Schlamm versinken.

Auch zu diesem Gestütshof, der etwas erhöht liegt, führt eine wunderschöne Allee, in einer leichten Kurve, begrenzt mit mächtigen Steinen. Im Frühling wird sie von einem lichten und sonnigen Grün bestimmt, und im Herbst rauschen die Stürme gewaltig durch ihre alten Äste. Ein kleines Wäldchen auf der Kuppe hinter den Stallungen begrenzt den Hof und die weiten Flächen und sanfte Linien – das ist die Schwäbische Alb.

1893

Marbachs PFERDERASSEN

Arabische Vollblüter
Schwarzwälder Kaltblüter
Altwürttemberger Pferde
Württemberger Sportpferde

Im Gegensatz zu vielen anderen europäischen Staatsgestüten, die nur eine Pferderasse züchten oder ausschließlich Deckhengste aufstellen, beherbergt das Haupt- und Landgestüt Marbach eine Vielfalt an unterschiedlichen Pferden. Als Landgestüt stellt es den Privatzüchtern Warmbluthengste, Kaltbluthengste und Araberhengste zur Verfügung, um die Qualität der Zucht zu gewährleisten. Als Hauptgestüt hält es eine eigene Vollblut-Araberherde und eine Warmblutherde. Die Hengstfohlen aus diesen Herden können möglicherweise wiederum Deckhengste im Gestüt werden oder gehen über die Auktionen in den Sport. Die Stutfohlen werden, wie die Hengste, einer Leistungsprüfung unterzogen, erst danach fällt die Entscheidung, ob man sie in die Stutenherde eingliedert oder ebenfalls an der jährlichen Auktion versteigert. Das Anliegen eines Gestütes ist es, die Rassen durch Selektion und Auslese immer weiter zu verbessern.

Man würde kaum annehmen, edle arabische Pferde auf der Schwäbischen Alb anzutreffen. Doch sie sind seit 200 Jahren in Württemberg zuhause und die Lieblinge der Besucher. König Wilhelm I. von Württemberg hat die Zucht begonnen und sie wird heute mit viel Erfolg weitergeführt. Jedes Jahr galoppieren junge Fohlen über die Wiesen und faszinieren die Besucher.

Die Weil-Marbacher ARABER-ZUCHT

Der leidenschaftlichen Passion eines Mannes für arabische Pferde ist es zu verdanken, dass das historisch wichtigste Arabergestüt Europas entstehen konnte: König Wilhelm I. von Württemberg war von Jugend an ein Pferdeliebhaber, genau wie sein Vater König Friedrich, und betrieb als Kronprinz auf seinem Landgut in Scharnhausen eine kleine Pferdezucht. Als er 1812 an der Spitze der württembergischen Truppen Kaiser Napoleon auf seinem Russlandfeldzug begleitete, machte er zum ersten Mal die Bekanntschaft mit den edlen und leichtfüßigen Vollblütern, die Napoleon von seinem Feldzug aus Ägypten mitgebracht hatte. Wilhelm I. war fasziniert von dem herausragenden Mut und der Ausdauer der Pferde und ritt aufgrund dieser Erfahrungen während des Befreiungskriegs 1814 gegen Frankreich selbst einen dunkelbraunen arabischen Hengst namens „Emir". Nach seiner Rückkehr brannte er darauf, eine eigene Zucht von „echt arabischen Pferden" zu etablieren. Doch dies sollte sich schwerer gestalten, als er es sich vorgestellt hatte, denn die besten Pferde wurden nicht einfach auf einem Markt in den arabischen Ländern oder in Ägypten angeboten, man musste sie suchen wie die Juwelen in einer Sandkiste.

Es waren gute Verbindungen in den Vorderen Orient nötig, hauptsächlich nach Aleppo im heutigen Syrien, und man brauchte Fachleute mit großem Verhandlungsgeschick, um in zahlreichen Expeditionen die Hengste und Stuten interessanter Zuchtlinien ausfindig zu machen und anzukaufen. Der Transport der Pferde zu Land, mit Schiff und mit der Eisenbahn war mit vielen Gefahren verbunden. Manche Stuten fohlten auf der langen Tour. Da König Wilhelm I. von Württemberg nicht nur Pferde mit rein arabischen Blutlinien züchten, sondern ein typvolles und edles, orientalisches Pferd mit mehr Größe und Kaliber schaffen wollte, suchte er möglichst großrahmige Hengste und Stuten.

Natürlich verschlang dieses Unternehmen auch Unsummen an Geld, doch nichts konnte ihn und seine ebenfalls pferdebegeisterte zweite Gemahlin, die Großfürstin Katharina Pawlowna, zurückhalten. Zu all dem kam noch das Risiko, dass man trotz der zweifellosen Qualität der angekauften Hengste und Stuten, nicht vorhersagen konnte, ob sie sich in Württemberg akklimatisieren würden und die in sie gesetzten Erwartungen und Hoffnungen erfüllen konnten. Denn zu jeder noch so gut organisierten Zucht gehört ein großes Quäntchen Glück oder Schicksal, je nachdem, wie man es sieht.

Dieses Gottesgeschenk erhielt König Wilhelm I. mit dem eindrucksvollen Schimmelhengst Bairactar. Er wurde sein Leibreitpferd, den er wie seinen Augapfel hütete. Bairactar war der Begründer eines langen Stammbaums, der fast alle Pferdezuchte in Europa beeinflusste. 21 Jahre lang wirkte er als Zuchthengst auf dem königlichen Gestüt in Weil, bis zu seinem Tod im Jahre 1838. Seine Nachkommen waren so exzellent und berühmt, dass von allen Fürsten- und Königshäusern die Käufer nach Weil kamen.

Der Traum des Königs, das edle, rein arabische Pferd in seiner Größe und Knochenstärke zu verbessern und dennoch seine typischen Eigenschaften zu erhalten, schien sich zu erfüllen. Bis zu seinem Tod im Jahr 1864 erlebte das königliche Gestüt in Weil und Scharnhausen seine Hochblüte.

Kraft und Eleganz - Vollblutaraber Araberhengst „Said ox" (E.H. Pamir ox x Sadana ox).

Doch dann geschah das, was in vielen solcher Fälle immer wieder passiert: Wilhelms Sohn, König Karl von Württemberg, sowie auch die Gestütsverwalter konnten diesen hohen Standard der Zucht nicht halten. Sie mussten aufgrund des veränderten Bedarfs an Pferden und der schwindenden Nachfrage nach arabischen Pferden das Gestüt verkleinern. Dessen Nachfolger, König Willhelm II. von Württemberg, wandte sich dann mehr der Zucht englischer Vollblüter zu und vernachlässigte die arabische Vollblutzucht, die zu diesem Zeitpunkt nur nebenbei und ohne Passion am Leben erhalten wurde.

Willhelm I. hatte jedoch testamentarisch niedergelegt, dass das Gestüt nicht veräußert oder aufgelöst werden durfte. Nach dem Tod von König Wilhelm II. gingen das Gestüt und die Ländereien in den Besitz des Herzogs von Württemberg über, die Pferde aber erbte die Urenkelin Wilhelms I., die Fürstin Pauline zu Wied. Sie nahm den Wunsch ihres Ahnen ernst und bemühte sich wieder Anschluss an die alten Blutlinien in Ägypten zu finden. Daher ließ sie die Hengste Jasir und Kohailan IV importieren und versuchte mit den verbliebenen 11 Stuten rein arabischer Abstammung einen neuen Anfang. Vor allem der aus den ägyptischen Gestüt Manial stammende Hengst Jasir (Mabrouk Manial x Negma) zeugte hervorragende Nachkommen mit den Stuten aus der Murana-Linie, die noch auf die Importe Wilhems I. zurückgingen.

Doch die Zeiten waren wirtschaftlich schwierig, und da die Fürstin keinen eigenen Landbesitz hatte und vermutlich die Nutzungsvereinbarungen für das Gestüt Weil nach 1910 abgelaufen waren, konnte sie die Zucht nicht mehr weiterführen.

1932, im Jahr der Weltwirtschaftskrise, übergab sie also die arabischen Vollblüter aus Weil und die Verantwortung für dieses wichtige kulturelle Erbe an das Haupt- und Landgestüt Marbach. Die Pferde – vier Hengste, neun Stuten und einige Jungstuten – blieben jedoch bis zu ihrem Tod in ihrem Besitz, nur deren Nachkommen gingen in das Gestüt Marbach über. Diesem sehr reduzierten Bestand einer ehemals einflussreichen Zucht schenkte man bis nach dem zweiten Weltkrieg keine große Beachtung. Jasir hat eine ganze Reihe sehr guter Stuten hinterlassen, aber leider keinen Hengst, der die Zucht hätte weiterbringen können. Daher entschloss man sich die beiden rein gezogenen polnischen Araberhengste „Halef", und „Wind (Wyrwidab)" vom legendären Hengst „Ofir" einzusetzen und so das Erbe Wilhelms I. in Marbach wieder aufleben zu lassen.

Der damalige Landoberstallmeister Dr. Wenzler glaubte daran, dass eine Auffrischung der Marbacher Zucht durch ägyptische Blutlinien dringend notwendig sei. Nach der Abwicklung vieler Formalitäten sowie langen Kämpfen mit dem Ministerium bekamen er und der Fürst zu Inn- und Knypphausen 1955 die Erlaubnis, zwei Hengste und eine Jungstute aus Ägypten zu importieren, obwohl zu der Zeit der Import wegen Seuchengefahr eigentlich verboten war.

Dr. Wenzler bewies ein vortreffliches Gespür, als er den Hengst Hadban Enzahi (Nazeer x Kamela) auswählte. Daran dürfte wohl der ehemalige Zuchtleiter des ägyptischen Staatsgestütes El Zahraa, der ungarische General Tibor von Pettko-Szandtner, maßgeblich mitgewirkt haben. Dieser geniale Hippologe hatte es fertig gebracht, in Ägypten nach dem Sturz es Königtums wieder eine vortreffliche Araberzucht zu etablieren. Seiner Expertise war Wenzler gefolgt. Der zweite Hengst Ghazal (Nazeer x Burkra) war für das Privatgestüt des Fürsten zu Inn- und Knypphausen bestimmt. Beide Hengste sollten eine neue Ära der Araberzucht in Deutschland einläuten.

Hadban Enzahi der Ägypter

Hadban Enzahi kam im Januar 1955 in Marbach an und wurde dem neugierigen Publikum auf der Hengstpräsentation an der Hand vorgestellt. An diesem Tag herrschten 20 Grad minus und ein so starkes Schneetreiben, dass man fast nichts sehen konnte. Was für eine besondere Kulisse, um einen Hengst aus der Wüste zu präsentieren! Doch Hadban Enzahi lebte sich trotz des kalten Winters sehr schnell in Marbach ein. Er schien perfekt zu den Marbacher Stuten zu passen. Kaum waren die zweiten und dritten Fohlenjahrgänge geboren, sprach sich die durchschlagende Vererbung von Hadban Enzahi herum, und in kürzester Zeit pilgerten viele Araberfans wie Züchter nach Marbach. Man könnte sagen, seine Nachkommen haben erneut den Funken überspringen lassen und bewirkt, dass sich viele Menschen wieder dem arabischen Pferd zuwandten.

Der Hengst Ghazal hatte nicht das Glück, auf eine solch homogene Stutenpopulation zu treffen und blieb Zeit seines Lebens unterschätzt – wie im Nachhinein die Erfolge seiner Nachkommen dokumentierten. Beide Hengste waren Schimmel und einfach bildschön. Sie hatten viel Adel und ein besonderes Charisma und waren dabei immer freundlich und sehr intelligent. All dies sind Vorzüge, die man bei ihrem gemeinsamen Vater Nazeer ebenfalls gelobt hat. Er war der Stempelhengst des ägyptischen Staatsgestütes. General Tibor von Pettko-Szandtner hat mit seiner Wahl die ganze Welt der arabischen Pferde bis heute bestimmt. Von Nazeer stammt ebenfalls der Hengst Aswan ab, der als Staatsgeschenk des ägyptischen Präsidenten Nasr an den russischen Präsidenten Chruschtschow ging – als Dank für die Erbauung des Nasr-Staudamms in Assuan. Er schuf auf dem

Vollblut-Araberhengst „Hadban Enzahi" von Nazeer aus der Kamla (*1952; †1975).

Staatsgestüt Tersk im Kaukasus eine eigene hervorragende Nachkommenschaft, die später in den USA große Erfolge erzielte.

Die vier berühmtesten Söhne von Hadban Enzahi waren Madkour I, der Stammvater des Gestütes Ismer, Malik und Nabil in privater Zucht, sowie Moneef, der in Marbach die Nachfolge seines Vaters als Hauptbeschäler antrat.

Doch wenn die Zuchtlinie, wie in Marbach, von einem einzelnen, sehr starken Vererber dominiert wird, ist es dringend notwendig, ein sogenanntes „out-cross" einzuhalten. Dies bedeutet in diesem Fall, dass die Stuten mit einem Hengst gedeckt werden sollten, der keine Blutsverwandtschaft zu Nazeer aufweist. Aus diesem Grund, und auch um etwas mehr Pigmentation in die Marbacher Schimmelherde zu bekommen, wurde der Rapphengst Gharib 1970 aus Ägypten importiert.

Dieser sehr rittige und sportliche Hengst brachte neue Impulse in die Marbacher Blutlinien und vererbte seinen Nachkommen ein überraschendes Springvermögen sowie viele Variationen dunkler Fellfarben.

Doch Gharib allein konnte und sollte nach modernen züchterischen Gesichtspunkten die Zucht nicht über eine allzu lange Zeit bestimmen. Aus diesem Grund pachtete man die Hengste Ansata Abbas Pascha, Ansata Halim Shah, NK Bolbol, ein Salaa el Dine-Sohn, sowie Serenety Habib aus den USA und den Hengst Insh Allah aus dem königlichen Gestüt von Jordanien für die Marbacher Stutenherde an. Weitere wichtige Hengste wie Mahadin und GF Malik Jamil folgten und nahmen maßgeblich Einfluss auf die Zucht. Der Erfolg, eine breiter gefächerte Palette an Ausdruck, Körperbau und Veranlagung zu haben, wurde schnell spür- und sichtbar.

Heutzutage, in Zeiten der künstlichen Besamung, ist die Araberzucht eine weltweite, grenzenlose Bühne geworden, und die Grenzen der nationalen Zuchtlinien scheinen sich aufzulösen. In Marbach jedoch wird die verbliebene, kleine Gruppe rein asiler Araberstuten gehegt und gehütet. Hier werden die arabischen Vollblüter ganz bewusst auf Rittigkeit und Leistungsbereitschaft gezüchtet. Dennoch haben sie den Adel, die Feinheit und die Eleganz, die schon König Wilhelm I. von Württemberg so sehr faszinierte. Bereits in den 90er-Jahren besann man sich wieder auf das Erbe des Gründervaters Wilhelm I., indem man den vom Gestüt Ismer gezogenen polnischen Hengst Penthagonn (Pasat x Panele) wählte, der auf die alte Baircactar-Amurath-Linie zurückgeht. Er war ein schöner und solide gebauter Hengst mit ausgezeichneten Leistungsmerkmalen, und schloss an die Vorstellungen und Ideen des Königs Wilhelm I an, der die Rittigkeit und Willigkeit der Pferde sowie ihren Einsatz schätzte. Penthagonns Sohn Pamir hinterließ zwei Hengste, Said und Dschehim, die noch heute im Haupt- und Landgestüt Marbach wirken und herrliche Nachkommen zeugen.

PORTRÄT

Horst König
und die arabischen Hengste

Wenn man Horst König in Marbach trifft, dann hat er entweder einen Vollblut-Araber an der Hand, unter dem Sattel oder er ist sehr schnell zu Fuß in Richtung Araberstall unterwegs. Er vermittelt nicht den Anschein, als wäre er zu einem Gespräch aufgelegt. Und so ist es auch, denn er ist einfach anders, etwas verschlossener und mehr den Pferden zugetan als den Menschen.

Manche halten ihn für distanziert und können nicht verstehen, wie man sich so viele Gedanken über Pferde machen kann. Doch Horst König ist ein wahrer Pferdemensch, der genau hinsieht, hinter die Dinge blickt und sozusagen die Seelen der Pferde liest und zu verstehen sucht, warum sie etwas tun. Gerade zu den sensiblen und intelligenten Arabischen Vollblüter hat er einen besonderen Draht, die richtige Mischung aus Konsequenz und Dominanz, Respekt und Achtung, aus Stärke und Nachgiebigkeit. Außerdem verfügt Horst König über die seltene Gabe, den Pferden genau im richtigen Moment den Freiraum zu geben, den sie brauchen, und sie nicht zu zwingen, sondern sie zum Miteinander mit dem Menschen zu motivieren. Jeden einzelnen der ihm anvertrauten Hengste kennt er genau, respektiert seine Persönlichkeit und seine Stärken und Schwächen und arbeitet mit ihnen ganz individuell und oft nicht rein aus dem Wissen, sondern aus der eigenen Intuition heraus:

„... Gelernt habe ich das Zuhören und „Erspüren“ besonders beim Training für die Distanzritte – wenn man so viele Stunden lang zusammen ist und jede Faser des Pferdekörpers spürt, den Rhythmus, den Atem, den Herzschlag, dann fühlt und denkt man mit dem Pferd. Man wächst zusammen und erlebt die glücklichen Momente, in denen man wirklich eins mit dem Pferd ist – dieses Gefühl ist unbeschreiblich schön ... Zwei Jahre lang habe ich die Hengste intensiv auf die Distanzritte vorbereitet und sie erfolgreich geritten, dazu die Arbeit auf dem Gestüt, das war manchmal kaum zu schaffen – aber man lebt intensiver und mit mehr Spaß, einfach im Moment! ...“

Was andere über ihn denken, und ob sie ihn für eigensinnig halten, ist Horst König gleich, die Pferde sehen dies sowieso anders. Für ihn steht das Wohlergehen seiner Schützlinge im Vordergrund, und wenn dieses gefährdet ist, kann er richtig grantig und unfreundlich werden. Doch wenn sich Besucher für „seine“ Araber interessieren und etwas über sie wissen möchten, dann ist Horst König glücklich, seine Pferde vorstellen zu können. Dann strahlt er von einem Ohr zum anderen, und seine blauen Augen leuchten.

Horst König mit Araberhengst „Nadhmi ox“ (Serenity Habib ox x Nasseb ox).

Es gibt kaum ein Wochenende, an dem er nicht auch in seiner freien Zeit nach den „Jungs“ schaut und sie umsorgt, auch wenn sie nicht krank sind. Der alte Hengststall des Gestütes mit seinen 6 Boxen und mit dem schönen Kronleuchter in der Mitte ist sein Reich, sein Zuhause, die Mitte seines Lebens. Wenn er morgens die Türen aufschließt und das Wiehern der Araber ihm entgegenschallt, dann hüpft sein Herz vor Freude.

Als Horst König 1977 angefangen hat, gab es noch keinen geregelten Ausbildungsplan oder auch Berufsabschluss, aber er war unter den Ersten, die einen richtigen Ausbildungsvertrag in Zucht und Haltung auf dem Haupt- und Landgestüt bekommen haben:

„... Ich habe dort viel gelernt; auch Dinge, die man besser nicht machen sollte ... Auf alle Fälle habe ich gelernt, dass man keine Angst haben darf – und wenn, dass man sie nicht zeigen sollte. Das gilt auch für die Arbeit mit den Pferden. Der Beruf war nie ein Zuckerschlecken, denn der Umgang mit den Pferden birgt viele Risiken. Prellungen, Verstauchungen, Zerrungen passieren einfach. Ein Hengst hat mir sogar einmal die Vorderzähne ausgeschlagen. Doch ich habe nie daran gedacht, aufzuhören. Das geht vielen Marbacher Gestütern so. Einige sind zwar weggegangen, aber dann doch wieder zurückgekommen. Wenn man einmal ein Teil dieser Gemeinschaft war und diese schwarze Kappe getragen hat, dann gibt es keinen anderen Ort der Welt, den man dafür eintauschen würde. Und genau dieses Gefühl ist jeden Morgen da, wenn ich das Gestüt betrete ...“

Bevor er zu den Arabern kam, wurde Horst König 1979 zunächst in das Reitkommando aufgenommen. „... Wir waren 24 angestellte Gestüter, die sich um die Hengste kümmerten. Da hatte man noch viel mehr Zeit für jeden einzelnen als heute. Man konnte auch mal länger im Gelände reiten und sich Zeit lassen. Heute muss alles schneller gehen, doch das funktioniert mit den Pferden nicht, denn alles braucht seine Zeit, ganz besonders in der Ausbildung ...“

Ganz zu den Arabischen Vollblütern kam Horst König erst 1996, als der Chef, Landoberstallmeister Dr. Gebhardt, ihn gebeten hat, die Hengste zu übernehmen.

„... Fasziniert war ich von ihnen schon lange vorher, von ihrer Schönheit, ihrer Geschichte, aber auch von dem Einfluss, dass das arabische Blut in der der gesamten Pferdezucht hat ..."

Wenn man Horst König fragt, was denn die Marbacher Araber so besonders macht, dann sagt er voller Stolz: „... Unsere Araber sind leistungsstark und dafür gezüchtet, dass man sie reiten kann. Sie sind nicht vergleichbar mit den Schaupferden, die gerade in Mode sind. Wenn deren Züchter ihre eigenen Pferde reiten müssten, eine ganze Woche lang, jeden einzelnen Tag, dann würde sich ihr Zuchtziel schlagartig ändern. Die ganze Zucht basiert auf Funktionalität und Nutzen unter der Beibehaltung von Adel und Typ. Außerdem ist die Marbacher Araberzucht mit ihrer fast 200 Jahre alten Geschichte die älteste und einflussreichste in Europa – allein das ist schon eine Verpflichtung ..."

Den jungen Hengst „Naoufil ox" (2010 geboren) hat er sich gewünscht und alles dafür getan, dass die Anpaarung der Elterntiere stattfinden konnte. Keiner kennt die Abstammungen und die Stärken und Schwächen der verschiedenen arabischen Blutlinien so gut wie Horst König.

Von Geburt an hat Horst König „Naoufil ox" begleitet und täglich auf der Koppel beobachtet, wie er sich verhielt. „... Als Fohlen war er klein, zierlich und sehr fein, hat sich aber mit Vehemenz gegen die anderen Araber und Warmblüter durchgesetzt. Der hat Biss und das hat mir schon damals gefallen ..."

Jetzt ist er mit seinen 4 Jahren gerade in der Ausbildung unter dem Sattel und macht sich sehr gut, viel mehr möchte Horst König dazu nicht sagen. Natürlich macht er sich Gedanken über seine Zukunft, man wird sehen, wie sich das Pferd entwickelt. Mit seinen großen dunklen Augen schaut der junge Schimmelhengst Horst König an und hört uns aufmerksam zu. Seine Mähne ist schwarz und sein Fell dunkel, noch ist er ein Grauschimmel. Doch wenn er später dann erwachsen und ganz weiß geworden ist, dann wird sich auch herausgestellt haben, welche Rolle er auf dem Gestüt spielen kann. Die wasserklaren blauen Augen von Horst König betrachten den jungen Hengst mit so viel Wohlwollen und Zuneigung, dass man glaubt, dieses Band zwischen den Beiden genau zu spüren. Etwas verlegen zieht er seine schwarze Gestüterkappe ins Gesicht und grinst: „Jeder der Hengste ist mir gleich lieb", dann meint er noch „jeder auf eine andere Art und Weise!"

Horst König legt dem jungen Hengst, den er gerade aus dem Laufzirkel geholt hat, eine Decke über. Seine Bewegungen sind ruhig und gelassen, aber voller Fürsorge. Gedankenverloren streicht er ihm nochmals über den Hals und sinniert: "... Viele denken, man muss mit den Pferden immer das Gleiche üben, damit sie es begreifen – das stimmt nicht und ganz besonders nicht bei den Arabern. Sie sind besonders intelligent und sensibel, sie warten darauf, angesprochen zu werden, um zu zeigen, was sie verstanden haben. Sie sind einfach unglaublich, wie sie uns lesen können und uns oft zuvorkommen. Manchmal muss man über sich selbst lachen, wenn man merkt: Nicht ich bringe gerade meinem Pferd etwas bei, sondern mein Pferd mir."

Bei all der Arbeit fragt man sich, ob es wohl für Horst König noch etwas anderes gibt, als seine Pferde und seine Familie? Die Antwort darauf ist sehr überraschend: „... Früher hatte ich noch die Energie, in meiner freien Zeit zu malen, das ging oft die ganze Nacht hindurch. Anfangs habe ich Bleistiftzeichnungen angefertigt, dann habe ich zur Ölfarbentechnik gewechselt. . Natürlich habe ich immer Pferde gezeichnet, die Schwarzwälder oder auch meine Araber. Beim Zeichnen lernt man die Anatomie eines Pferdes noch besser kennen, seine Proportionen, seine Linien etc. Wenn man dann am nächsten Tag vor der Box steht, schaut man noch genauer hin.

Anders als bei der Fotografie, die nur eine Momentaufnahme ist, kann ich beim Malen meine verschiedenen Eindrücke zu einem Bild

„Lovely Boys" von Horst König.

zusammensetzen, das wirklich das ganz spezielle Pferd darstellt. Es macht mir Freude, mich in ein Bild rein zu vertiefen, ich muss mit keinem sprechen, kann mich voll der kreativen Arbeit widmen. Aber nur malen, das wäre nichts für mich, ich brauche die Pferde und auch das Gestüt, denn sie sind mein Leben!"

Zum Abschluss geht Horst König noch einmal durch die Stallung von einer Box zur anderen und stellt seine Schützlinge vor:

Dschehim (V: Pamir ox MV: Nasrodin ox, *1996, Schimmel) „... *Dschehim ist inzwischen 18 Jahre alt und der Senior unter den Gestütshengsten. Er hat ein sehr feines Wesen, ist sehr sensibel, überaus lernwillig und arbeitet sehr gerne mit. Im Gegenzug braucht er einen ganz feinen Umgang. Man darf ihn nicht zu laut anreden, denn das mag er gar nicht! Er ist ein Pferd, zu dem ich jedes kleine Kind in die Box lassen würde, ohne die geringste Sorge, dass etwas passieren könnte ...*" Er gerät ins Schwärmen: „... *Ein erstklassiges Pferd, super rittig mit traumhaftem Charakter, den besten Bewegungen und einem enormen Leistungswillen. Doch er braucht viel körperlichen Kontakt und täglich ein paar Schmuseeinheiten ...*"

Nahdmi (V: Serenity Habib ox MV: Gharib ox *1999, Schimmel) „... *Er ist ein asiler Hengst, 15jährig, der gerne Blödsinn macht und verspielt ist. Aber als wir auf längeren Distanzen unterwegs waren, da war er sehr kernig, fast verbissen. Nahdmi ist sehr selbstbewusst, sehr intelligent und mit absolutem Nerv ausgestattet. Den bringt nichts so leicht aus der Ruhe, außer die Aussicht auf einen flotten Galopp, den liebt er ganz besonders. Er ist ein absolutes Verlassperd im Gelände und wie gesagt wirklich sehr schnell. Nahdmi lernt spielerisch leicht, wenn es sich um Dinge handelt, die ihm Spaß machen, aber Dressurreiten kann er nicht ausstehen. Dafür ist er ist ein absoluter Profi in den zirzensischen Lektionen ...*"

Said (V: Pamir ox, MV: Saher ox, *1999, Schimmel) „... *Dieser Hengst – ebenfalls 15jährig – ist dagegen etwas kaprizöser und stellt sich gerne dar. Dressurlich wurde er von Elisabeth Wiltafsky bis zu Lektionen der Klasse S gefördert und auch am langen Zügel ausgebildet. Doch er hat auch nichts dagegen, über ein paar Hindernisse zu springen. Said ist absolut spielerisch leicht im Gelände zu galoppieren, mit sehr weichem Maul und natürlich ist er ebenfalls sehr sensibel ...*"

Nastaran (V: Pasat ox, MV: Ansata Abbas Pasha ox, *2002, Schimmel) „... *Der 12-jährige Hengst ist in der Box eher unscheinbar, doch draußen im Gelände ist das ganz anders! Er ist ein großartiger Kämpfer mit einem großen Herz und er rennt einfach für sein Leben gern. Wenn es ihm nicht schnell genug geht, kann er vor Freude einfach losbocken. Bei den langen Distanzritten hat er das nach über 60 km absolvierter Strecke immer noch gemacht, da spürt man, dass er noch Kraft hat. Außerdem ist er der beste Springer unter den Arabern, mit genügend Mut und Biss und einer sehr guter Vorderbeintechnik mit hervorragender Bascule. Der will einfach immer sein Bestes geben ...*"

Musab (V: NK Bolbol ox, MV: Serenity Habib ox, *2005, Braun) „... *Musab ist einfach ein ganz Cooler, der ab und an den Ängstlichen spielt. Er ist ein sehr intelligenter Hengst, der schon morgens meine Tagesstimmung ablesen kann. Und er ist äußerst selbstbewusst und sehr rittig mit guter Springmanier. Ein Hengst, der auch den Nerv zu zirzensischen Lektionen hat. Und Musab ist ein echter Angeber: Sobald ein brauner Warmblüter in seine Nähe kommt, dreht er auf und zeigt seine ausgeprägte männliche Ader und wiehert herausfordernd ...*"

Naoufil ox (V: Mahadin, M: Namije, *2010, Grauschimmel) „... *Der erst 4-jährige Junghengst ist schon sehr maskulin – sowohl körperlich, als auch in seinem Wesen. Das wird mal ein ganz Selbstbewusster Hengst werden. Er ist sehr rittig, arbeitet gut und immer gerne mit. Naoufil ist schon jetzt eine Persönlichkeit, mit sehr viel Ausdruck und verfügt über sehr viel körperliche Kraft ...*"

Mamlakee (V: DF Malik Jamil, M: Maaza, *2011, Schimmel) „... *Der 3-jährige Mamlakee ist sehr nobel und korrekt im Umgang und er lernt immens schnell. Bei ihm beginnt das Auge bei der Arbeit regelrecht zu leuchten. Der hat Spaß, wenn man ihn fordert. Er hat ein sehr liebes Wesen und braucht viel Berührung – er ist auch noch ein Baby ...*"

Kurzinfo

ARABISCHES VOLLBLUT

Ursprung: Naher Osten
Hauptzuchtgebiet: weltweit
Verbreitung: sehr hoch
Stockmaß: 140–156 cm
Farben: Häufig Schimmel aber auch Füchse, Braune, Rappen; Schecken werden toleriert
Exterieur: Edles und elegantes Pferd mit einem quadratischen, trockenen Körperbau und einem kleinen keilförmigen Kopf, sehr großen Augen, großen, trichterförmigen Nüstern, kleinen Ohren und einem oft konkav geformten Nasenbein. Das Arabische Vollblut zeichnet sich durch trockene Gliedmaßen, sehr kleine Hufe, langes und feines Langhaar, einen hoch getragenen Schweif und federnde, lockere Gänge aus.
Charakter: sehr sensibel und klug, lernbegierig, temperamentvoll und sanft zugleich
Haupteinsatzgebiet: Freizeit, Distanzsport, Show, Fahrsport

Bestand in Marbach:
- Die Population an rein arabischen Zuchtstuten in Marbach umfasst zur Zeit 29 Stuten.
- 7 arabische Deckhengste sind aktuelle in Marbach im Einsatz

Zucht und Erhaltung:
Der Araber gilt als eine der ältesten Pferderasse der Welt. Schon im 7. Jahrhundert nach Christus, begannen die Beduinen, Pferde planmäßig zu züchten. Es gibt kaum eine Pferderasse, die nicht durch den Vollblutaraber beeinflusst wurde. Sie selbt hingegen wurden gar nicht bzw. nur wenig durch andere Rassen genetisch verändert.
In seiner langen Geschichte wurde der Vollblutaraber immer hauptsächlich als Reitpferd eingesetzt, er war für den Nomaden das wichtigste Besitztum.

Folgende Hengste sind zur Zeit im Haupt- und Landgestüt Marbach als Beschäler im Einsatz:

Baruth el Naarah ox, Dschehim ox, KP Maryoom ox, Musab ox, Nahdmi ox, Nastaran ox, Said ox

29
1909

Ihre hellen Mähnen und der Tannenbrand auf der linken Hinterhand sind die Markenzeichen der Schwarzwälder Füchse. Robust, stämmig und mit klugen, schönen Augen stellen sie eine Besonderheit unter den Kaltblütern dar. Manche halten sie für die Araber unter den „Dicken". Dies liegt wohl auch an ihrer Eleganz und dem besonderen Temperament.

Das SCHWARZWÄLDER KALTBLUT

Wenn bei der alljährlichen Hengstparade die Schwarzwälder Füchse im Achterzug in die Arena des Haupt- und Landgestütes donnern, dann jubeln ihnen Tausende Zuschauer des ausverkauften Stadions begeistert zu. Das sind ihre Pferde, die gewichtigen Kaltblüter mit der hellen Mähne und der XXL-Power. Die Erde bebt, wenn Zug um Zug von jeweils vier oder sechs Pferden auf einmal hereinpreschen. Die Dicken, die den Ruf haben, sanft und gemütlich zu sein, zeigen sich an solchen Tagen von ihrer temperamentvollen Seite. Hauptsattelmeister Karl-Heinz Bleher hat alle Hände voll zu tun, die Hengste an den Leinen zu halten und sie in dieser Geschwindigkeit über den Platz zu dirigieren – immer dicht vorbei an den anderen Gespannen, die ebenso rasant unterwegs sind. Tosender Applaus begleitet sie hinaus, wenn auf der letzten Gerade noch einmal richtig Gas gegeben wird.

Dem Haupt- und Landgestüt Marbach und den engagierten Züchtern aus dem Schwarzwald ist es zu verdanken, dass diese besondere und charmante Kaltblutrasse, die inzwischen bis nach Kalifornien exportiert wird, nicht ausgestorben ist. Seit 1954 ist das Gestüt für die Erhaltung der Rasse in Baden-Württemberg zuständig. 25 erstklassige Deckhengste stehen den Züchtern in den Stallungen von Marbach zur Verfügung. Von dort aus gehen sie auf die verschiedenen Hengststationen in Baden-Württemberg, „Platten" genannt, um flächendeckend den Bestand der Rasse zu sichern und die ländliche Stutenpopulation zu beglücken. Wenn man zum Vorwerk Hau kommt, der Hengst-Aufzuchtstation des Gestütes, in der Nähe von Offenhausen, dann sieht man dort unter all den Absetzern und Jährlingen der verschiedenen Rassen auch viele Schwarzwälder Hengstfohlen aufwachsen – eines schöner als das andere. Diese Fohlen werden bei der Fohlenmusterung der privaten Züchter vom Gestüt angekauft und aufgezogen, da Marbach keine eigenen Stuten dieser Rasse besitzt. Auf den Weiden rund um das Vorwerk Güterstein wachsen sie dann zu halbstarken Junghengsten heran, die spielerisch ihre Kräfte messen und sich nach Herzenslust austoben können, bevor sie den Ernst eines Pferdelebens kennenlernen und auf ihre Hengstleistungsprüfung vorbereitet werden.

Sowohl Hengste als auch Stuten müssen eine eigene Leistungsprüfung erfolgreich beenden, bevor sie in das Hauptstammbuch aufgenommen werden. In Marbach werden die Pferde während einer eintägigen Feldprüfung unter die Lupe genommen. Dabei stellt man neben einer Fahrprüfung im Einspänner und dem Manövrieren einer 7 Meter langen Schwachholzstange durch sechs versetzte Tore, auch die Kraft der Pferde auf die Probe Die Kaltblüter müssen 20 % ihres eigenen Körpergewichtes in 12,5 Minuten über eine Strecke von 1.000 Meter ziehen. Der Zugschlitten mit den entsprechenden Gewichten muss dabei drei Mal angehalten und wieder angezogen werden – eine enorme Leistung, aber so ein echtes Schwarzwälder Kaltblut schafft das.

Ihren Ursprung hat diese Rasse, früher „Wälderpferde" oder auch „St. Märgener Fuchs" genannt, in den Tannenwäldern des Hohen Schwarzwaldes rund um das kleine Dorf St. Märgen, das heute noch immer das Zentrum der Zucht ist. Seit 1949 findet dort alle drei Jahre im September das

berühmte „St. Märgener Rossfest" mit seinem großen Festzug statt, an dem nur Schwarzwälder Füchse teilnehmen dürfen. Prächtig geschmückt vor der Kutsche oder unter ihren Reiterinnen und Reitern in traditioneller Schwarzwälder Tracht werden die Pferde von ihren stolzen Züchtern und Besitzern präsentiert. Man sieht die Tiere in vielen verschiedenen Anspannungen, vor Erntewagen und auch Schlitten. Der Umzug vermittelt einen lebendigen Eindruck von den vielen unterschiedlichen Aufgaben, die die Pferde im Verlauf eines Jahres im bäuerlichen Alltag hatten, und es wird deutlich sichtbar, wie sehr die Menschen von ihren Pferden abhängig waren. Noch heute spürt man bei diesem großen Volksfest die Verbundenheit der einheimischen Bevölkerung mit diesen besonderen Pferden. Die ganze Familie begleitet ihre selbst gezogenen Schwarzwälder Füchse zur Prämierung. Vom Enkelkind bis zum Großvater mit seinem weißen Rauschebart sind alle dabei, und sie sind unendlich stolz, wenn es dann eine Schleife oder eine Prämie gibt. Zuvor haben alle mitgeholfen, die Pferde zu waschen und herauszuputzen, haben das Zaumzeug poliert und den Blumenschmuck eingeflochten.

Geballte Kraft – Schwarzwälder Kaltbluthengst „Maximus“ (E.H. Moritz x Ronja).

Die Familie kommt geschlossen in Tracht – die Männer in ihren bestickten Gehröcken und die Frauen in der Schwarwälder Tracht. Mit viel Stolz tragen sie ihre charakteristischen Bollenhüte oder Hauben und den traditionellen Silberschmuck am geschnürten Mieder.

Die Geschichte des Schwarzwälder Kaltbluts lässt sich bis ins Mittelalter zurückverfolgen, als die Wälderpferde im Hochschwarzwald in den Klöstern St. Märgen, St. Peter und St. Blasien gezüchtet wurden. Man lebte im Hochschwarzwald von dem Holz der Tannen, die dort geschlagen wurden und mit den Pferden ins Tal abtransportiert werden mussten. Ein schweres und auch gefährliches Unterfangen, das von Mensch und Pferd sehr viel Kraft, aber auch Ruhe und Mut verlangte. Diese Verbindung zur Holzwirtschaft ist heute noch in dem unverwechselbaren Tannen-Brandzeichen sichtbar, das nur die echten Schwarzwälder Füchse zieren darf.

Außerdem betrieben viele Bauern kleine Weidewirtschaften mit einigen Kühen. Normaler Ackerbau war hier kaum möglich, da die Böden nicht reichhaltig genug waren und die Hänge zu steil. Im Winter, wenn die Höfe dann unter den Schneemassen ächzten und von der Außenwelt abgeschnitten waren, nutze man die Kraft und Ausdauer der Kaltblüter, um eine Schneise zur Außenwelt zu schlagen.

Doch wo kommen sie denn eigentlich her, die Schwarzwälder Füchse?

Als Vorfahren der Schwarzwälder vermutet man leichte Belgische Kaltblüter sowie Noriker und Freiberger. Doch damals nahm man es oft nicht so genau, wer der Vater des nächsten Fohlens werden sollte. Man nutzte meist einfach die Hengste, die in der Nähe standen. Es gab aber auch schon früh Hengste, die von Hof zu Hof zogen und so viele Nachkommen zeugten. Eine regulierte Zucht mit Stutbüchern gab es nicht.

Während der zahlreichen Kriege zwischen dem 16. und dem 19. Jahrhundert überquerten immer wieder berittene Truppen die Berge des Schwarzwaldes – manchmal in friedlicher Absicht, manchmal brandschatzend. Oft blieben gute Pferde zurück, die man gerne zum Decken einsetzte. So nahmen Pferde mit spanischem, arabischem und französischem Blut Einfluss auf die Zucht der Schwarzwälder Füchse, und manchmal glaubt man in ihren Augen den stolzen Blick eines Spaniers oder die Neugierde eines Arabers zu sehen. Doch ganz gleich, welcher Einfluss auch von außen kam, die genügsame Aufzucht, das harsche Klima und die Menschen haben die Schwarzwälder wohl mehr geprägt, als das gesamte Blut ihrer Vorfahren. Der Wald, das Pferd und der Bauer sind eine Symbiose eingegangen, und oft scheint man in den Charakteren von Pferd und Mensch gewisse Gemeinsamkeiten zu finden.

Die geregelte Zucht dieser Kaltblutrasse, die damals noch viele andere Fellfarben aufwies als nur Füchse mit flachsfarbener Mähne, begann jedoch erst 1896, als die Schwarzwälder Pferdezucht Genossenschaft gegründet und erstmals ein Stutbuch eingeführt wurde. In dieser Zeit wurden die Hengstlinien D und M mit den Linienbegründern „Deutschritter“ (Rheinisch-Deutsches Kaltblut) und „Milan“ (Noriker) begründet. Kurz zuvor war jedoch der Typ des Wälderpferdes bereits in die Gefahr geraten, sich zu verlieren: Das Landgestüt in Karlsruhe hatte unter Berufung auf das 1880 in Kraft getretene Körgesetz versucht, den Typ des badischen Kaltblutpferdes zu verbessern, indem schwere ausländische Kaltblutrassen eingekreuzt wurden.

Gezüchtet wurden die Füchse ursprünglich nur im tiefen Schwarzwald rund um das Dorf St. Märgen. Von dort stammt auch die Tracht, bei der nicht der bekannte Bollenhut getragen wird, sondern ein hübscher Strohhut mit Bändern.

Bild links: Katrin Kürner in St. Märgener Tracht mit Leistungshengst „Revisor“.

Die Schwarzwälder Kaltblüter sind die Passion von HSM Karl-Heinz Bleher. Er fährt die Kaltblüter vom Zweispänner bis zum Zehnspänner und ist mit ihnen auf den Hengstparaden der Liebling aller Zuschauer.

Doch dabei stieß das Landgestüt auf den hartnäckigen Widerstand der Schwarzwälder Bauern, die nichts von diesen „Verbesserungen" wissen wollten und trotz Strafandrohung ihr Wälderpferd durch die Zucht mit ungekörten Hengsten erhielten und diesen Pferdetyp so bis ins 20. Jahrhundert hineinretteten.

Ende der 60er-, Anfang der 70er-Jahre des letzten Jahrhunderts stand die Existenz dieser schönen Pferderasse jedoch schon wieder auf dem Spiel: Im Wald und auf dem Feld übernahmen Traktoren die Arbeiten, die bisher die genügsamen Kaltblüter geleistet hatten. Der Bestand dieser Arbeitspferde ging, wie auch der Bestand der Altwürttemberger Ackerpferde, so rapide zurück, dass 1973 mit nur vier registrierten Hengsten der absolute Tiefstand des Bestandes an Zuchtpferden erreicht war. Um die Schwarzwälder Kaltblüter vor dem Verschwinden zu retten, zahlte das Land Baden-Württemberg extra Fördergelder zur Aufrechterhaltung der Zucht. Man war sich schon damals bewusst, dass diese Pferderasse zum Kulturgut des Schwarzwaldes gehört, genau wie die großen Tannen, die herrlichen Höfe und die berühmten Kuckucks-Uhren.

Was macht die Schwarzwälder so besonders?

Hauptsattelmeister Karl-Heinz Bleher ist in Marbach von Berufs wegen für die „Dicken" zuständig. Sie sind seine Schützlinge, aber auch seine besonderen Lieblinge, und vielleicht kann man auch sagen, sie sind sein Leben. Seit Jahrzehnten ist er mit den Hengsten auf der Platte in St. Märgen unterwegs. Er kennt Familien wie die Fallers, die seit Generationen Schwarzwälder züchten und zu ihrem Erhalt maßgeblich beigetragen haben. Und wenn man ihn auf dem Gestüt in Marbach trifft und etwas über seine blonden Füchse wissen möchte, dann gibt er gerne Auskunft:

„ ... Diese Pferde sind nicht so temperamentvoll wie etwa die Haflinger. Schwarzwälder Füchse sind gutmütig und anspruchslos, was sich gerade auch für einen Reitanfänger gut macht, der nicht so viel von Pferden versteht ...", erläutert der Mann mit dem gemütlichen Lächeln im Gesicht und in seinem grauen Arbeitskittel mit dem Marbacher Gestütszeichen gekleidet.

Dressurlektionen am langen Zügel – PWM Martina Bleher mit Hengst „Revisor".

Karl-Heinz Bleher erzählt: „... Ha, die Schwarzwälder sind durch und durch gesund und bescheiden in ihren Ansprüchen, was Haltung, Fütterung und Bewegung angeht. Man könnte sagen: Wenn sie was zu fressen haben, sind sie rundum glücklich, aber bitte nicht zu viel, dann werden sie zu schwer und das ist wieder ungesund ..."

Er kennt nicht nur die Pferde, sondern auch viele der bäuerlichen Züchter und fährt immer wieder gern auf die Veranstaltungen, bei denen die Schwarzwälder Kaltblüter im Zentrum stehen.

„...Wenn man zu einer Veranstaltung geht, bei der es sich nur um Schwarzwälder dreht – wie zum Beispiel das St. Märgener Rossfest, zu Kaltblutfohlenschauen oder Veranstaltungen, wie Wettpflügen und Baumstämme ziehen –, dann sieht man, dass das ein ganz spezieller Menschenschlag ist, der sich hier versammelt. Ruhig, gelassen, bodenständig: Die Leute im Schwarzwald, die diese Pferde züchten und die mit diesen Pferden umgehen, haben die Rasse geprägt, oder vielleicht war es auch umgekehrt, und die Pferde haben die Menschen geprägt. Oft sind Pferde und Menschen sich sogar im Aussehen ähnlich: Ein bisschen barocke Körperformen, ein bisschen rundlich – in jedem Fall nicht so hektisch wie etwa die Sportpferdezüchter ..." Und er muss es ja wissen.

Die Schwarzwälder Füchse sind bestimmt – wie der Name schon sagt – von ihrer Fuchsfarbe, die vom Kohlfuchs bis zum helleren Fuchs variieren kann. Es gibt aber auch Braune und manchmal sogar Schimmel, die ebenfalls im Stutbuch eingetragen sind. Doch generell ist die Fuchsfarbe erwünscht und wird auch dominant vererbt.

Besonders gerne wird die dunklere Fellfärbung in Kombination mit einer flachshellen, fast weißen Mähne, die möglichst prachtvoll über den gewaltigen Hals hängen soll, gesehen. Manchmal ist das Mähnenhaar so üppig, dass es zu beiden Seiten des Halses herunterhängt. Dazu gehört natürlich ein fülliger Schweif, der bei jedem Schritt dekorativ von einer Seite auf die andere schwingt. Je nach Blutlinie und Vererbung fällt auch der Behang an den Beinen mehr oder weniger lang und dicht aus.

Ausdruck und Schönheit – Hauptprämienhengst „Donnergroll“ (E.H. Dirk x Marina).

Pure Lebensfreude: Die Schwarzwälder haben kein Problem mit Minustemperaturen. Sie fühlen sich rundum wohl und preschen durch den tiefen Schnee. Inzwischen haben die Schwarzwälder Kaltblüter, die vom Aussterben bedroht waren, an Popularität gewonnen und sind in ganz Deutschland verbreitet. Einige Vertreter der Rasse wurden sogar schon nach Kalifornien und Australien exportiert.

Bild Mitte:
Schwarzwälder Hengst „Wilder Retter" (E.H. Wilderer x Ronja) prescht durch den Schnee.

Die sportlich-eleganten Kaltblüter, mit dem besonderen Charakter

Auffällig und ganz besonders bemerkenswert sind die großen, ausdrucksstarken Augen der Schwarzwälder. Viele andere Kaltblutrassen haben oft ein kleineres Auge, doch bei den Schwarzwälder Füchsen muss wie bereits gesagt vielleicht einmal ein herrlicher, spanischer Hengst dominant gewesen sein, der sein feuriges und kluges Auge für immer dieser Rasse mitgegeben hat.

Ihr kantiger Kopf ist imposant, aber nicht so schwer wie bei vielen anderen Kaltblütern und passt mit den feinen Ohren sehr gut zum kleineren Rahmen des Pferdes. Man muss bedenken, dass sie ursprünglich gezüchtet wurden, um im Wald zu arbeiten. Sie mussten daher für ein Kaltblut verhältnismäßig leicht und wendig sein und durften nicht von zu großer Körperfülle oder zu träge sein. Denn in den steilen Hängen des Schwarzwaldes mussten die Pferde oft wie die Gämsen die Anstiege hinaufklettern und beim Abwärtstransport der Baumstämme standhaft deren Gewicht gegenhalten können. Doch nicht nur auf ihre Kraft und ihre Geschicklichkeit war der Arbeitspartner Mensch angewiesen, sondern auch ihre Gewitztheit und Klugheit waren unabdingbar für das blinde Verständnis zwischen Mensch und Pferd, das für diese Arbeit nötig ist. Ein besonderes Pferd, eine besondere Mischung und eine besondere Aufgabe, diese einzigartige Kaltblutrasse zu erhalten. Und genau diese Aufgabe erfüllt das Haupt- und Landgestüt Marbach vorzüglich.

Heutzutage werden die beliebten Schwarzwälder Füchse eher selten als reine Arbeitspferde eingesetzt. Mit der Zeit sind sie in ihrem Aussehen etwas leichter geworden und entwickeln sich hin zu einem sportlicheren Pferd, das seine Masse eleganter zeigt.

Aufgrund ihrer ruhigen Art und ihrem freundlichen Wesen sind sie zu beliebten Freizeitpferden geworden, die sowohl geritten als auch gefahren werden. Auch in Marbach werden die Hengste vielseitig eingesetzt: Sie ziehen im Winter die Schlitten mit den Touristen über die weiß verschneite Alb und werden in der Reitschule als Lehrpferde eingesetzt. Aber auch das anspruchsvolle Gespannfahren bis hin zum Zehnerzug kommt nicht zu kurz. Und sie sind natürlich die Lieblinge vieler Gestütsbesucher.

Fohlen und Jährlinge auf den Weiden in Güterstein lassen sich gerne am Zaun von den Besuchern streicheln und stellen sich gleich stolz vor: „Hallo, ich bin ein Schwarzwälder." Die imposanten Füchse mit ihren hellen, wallenden Mähnen sind aus dem Haupt- und Landgestüt Marbach einfach nicht mehr wegzudenken.

Kurzinfo

SCHWARZWÄLDER KALTBLUT
(Schwarzwälder Fuchs)

Ursprung:	Deutschland
Hauptzuchtgebiet:	Schwarzwald
Verbreitung:	gering
Stockmaß:	148–160 cm
Farben:	Füchse und Rappen mit heller Mähne, eine Schimmel- und eine Braunenfamilie
Haupteinsatzgebiet:	Fahrpferd, Freizeitpferd, Arbeitspferd (Waldarbeit)

Bestand von Schwarzwäldern in Baden-Württemberg:
- 700 eingetragene Stuten
- 38 eingetragene Hengste, davon 25 Hengste vom Haupt- und Landgestüt Marbach und 13 Hengste von Privathaltern

Bestand von Schwarzwäldern bundesweit aus 13 Verbänden (Stand Ende 2012):
- 1024 eingetragene Stuten (davon 704 vom Ursprungszuchtbuch und 320 von Filialzuchtbücher)
- 78 eingetragene Hengste

Es gibt derzeit sechs Hengstlinien: D - M - R - W - F - V
- Die ältesten Linien sind **D** und **M**, die in den 20er-Jahren gegründet wurden.
- Die **D-Linie** ist auf den Belgischen Kaltbluthengst „Deutschritter“ zurückzuführen.
- Die **M-Linie** ist auf den Noriker Hengst „Milan“ zurückzuführen.
- Die **R-Linie** wurde 1961 durch den Noriker „Reith-Nero“ gegründet.
- 1970 folgte die **W-Linie** mit dem Noriker Hengst „Wirts-Diamant“.
- Die jüngsten Erweiterungen der Hengstlinien folgten in den 90er-Jahren mit der **F-Linie** durch den Freiberger Hengst „Freyer“ und der **V-Linie** durch den Schleswiger Kaltbluthengst „Varus“ und den Noriker Hengst „Riff-Vulkan“.

Folgende Hengste sind zur Zeit im Haupt- und Landgestüt Marbach als Beschäler im Einsatz:

Dachs, Donnergroll, Falkenstein, Federsee, Feldbach, LVV Modem, LVV Modigliani, Maitanz, Malteser, Macellus, Markstein, Markward, Maximus, Mondeo, Ramstein, Revisor, Rotenberg, Vento, Vogtsberg, Weissenbach, Wildbach, Wilder Retter, Wildfuchs, Wildhüter, Wildschütz

Die schweren Warmblüter „Edward" und „Enrico" gefahren von HSM René Mau.

Die Nachkommen dieser Rasse, die früher die gesamte Pferdezucht des Landes bestimmt haben, sind fast verschwunden. In den 80er-Jahren waren nur noch wenige Stuten im Zuchtgebiet vorhanden, es wurden kaum noch reinrassige Fohlen geboren. Durch die Gründung eines eigenen Vereins zur Erhaltung des Altwürttemberger Pferdes konnte das Aussterben der Altwürttemberger verhindert werden.

Das schwere ALTWÜRTTEMBERGER WARMBLUT

Als die Pferdezucht noch eine regionale Angelegenheit war, die vornehmlich in den Händen der Bauern lag, wurden Rassen gezüchtet, die an das jeweilige regionale Klima, die Landschaft und an die spezifischen Aufgaben der Pferde angepasst waren. Von den Bergregionen hin zum Sumpfland, von der schweren Erde bis hin zu sandigen Feldern und kargen Regionen, die Umwelteinflüsse und regionalen Gegebenheiten spiegelten sich im Aussehen der Pferde wider, genauso wie in der Statur und den Gesichtern der Menschen. Über Jahrhunderte hinweg waren Bauer und Arbeitspferd ein gut eingespieltes Team, auf dessen Kooperation und Effektivität der Wohlstand der Familie beruhte.

Im Karstgebirge der rauen, Schwäbischen Alb entstand ein Pferdeschlag, der viele Aufgaben zu bewältigen hatte. Die Pferde gingen vor dem Pflug, um die Furchen für die Aussaat aufzubrechen, sie zogen mit schwerem Arbeitskummet die frisch gefällten Bäume aus dem Wald, die zum Hausbau gebraucht wurden, und am Sonntag gingen sie stolz aufgerichtet und frisch gestriegelt, mit poliertem Geschirr angetan vor der Kutsche, die die gesamte Familie zur Kirche brachte. Und an den Fest- und Feiertagen ritten die Bauern ihre geschmückten Pferde auf Umzügen und Prozessionen.

Der Altwürttemberger musste sehr leistungsbereit und dennoch besonders leichtfuttrig und anspruchslos sein, denn es waren meist kleine und arme Bauern, die die Pferde hielten, und sie mussten von dem ernährt werden können, was es auf dem Hof gab: Gras oder Klee, Heu oder Stroh, Hafer meist noch mit gehäckseltem Stroh gemischt, damit es mehr Volumen ergab. Darüber hinaus sollten sie einfach zu handhaben sein und einen gutmütigen Charakter haben. Es waren kräftige Pferde mit starken Knochen und einer breiten Brust, die sehr gut im Zug standen und auch schwere Wagenladungen bewegen konnten – ganz gleich ob Stuten, Wallache oder Hengste. Fast 100 Jahre lang war der Altwürttemberger das ideale Pferd für die Landwirtschaft der Region.

Eine geregelte Zucht der Pferde gab es jedoch ähnlich wie bei dem Schwarzwälder Kaltblut lange nicht. Man paarte die vorhandenen Stuten und Hengste nach den Eigenschaften, die für den landwirtschaftlichen Alltag günstig und vorteilhaft erschienen, ohne speziell auf die Abstammung zu achten. Ein Stutbuch oder festgelegte Zuchtrichtlinien existierten nicht. Und doch war auch die ländliche Zucht immer wieder abhängig von der Zufuhr frischen Blutes durch prägnante Hengste.

Im 19. Jahrhundert begann man, die Zucht der für die Landwirtschaft genutzten Pferde zu organisieren. Die Landgestüte stellten den Stutenbesitzern in der Region ausgesuchte Hengste für die Bedeckung zur Verfügung und konnten so die Qualität der Population steuern.

Im königlichen Hofgestüt Marbach fing man schon früh mit dieser Praxis an und versuchte, die Zucht auf ein vielseitig nutzbares Wirtschaftspferd auszurichten. Die zunächst aus dem Norden und aus Belgien eingeführten Arbeitspferde erwiesen sich als ungeeignet für das besondere Klima auf der Schwäbischen Alb. Der Gestütsdirektor Cäsar von Hofacker glaubte, im Cob „Norman“ eine gute Gengrundlage

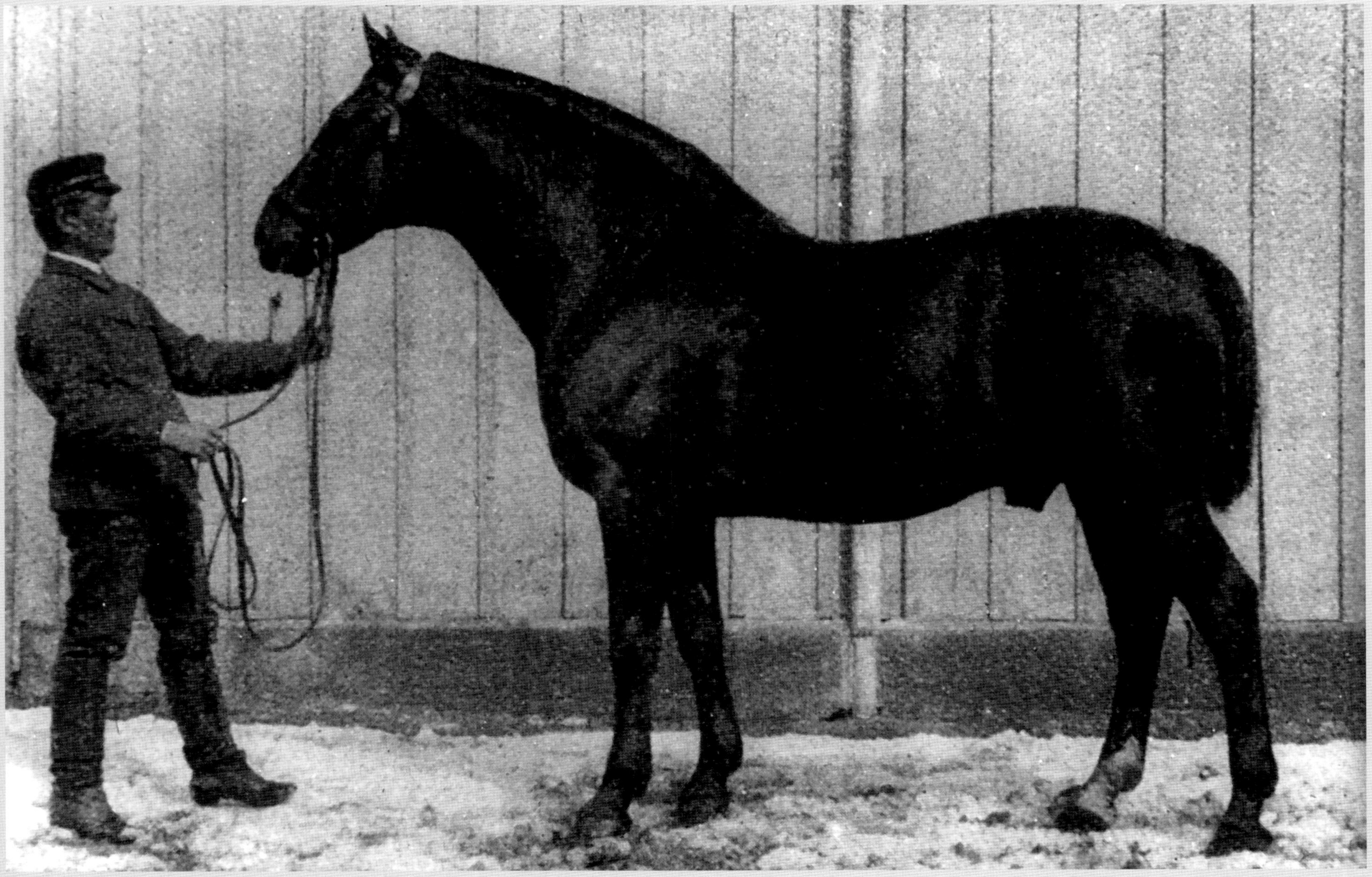

Der 1888 geborene „Faust“, ein Anglo-Normanne, wurde zum Stammvater der Altwürttemberger Zucht.

zu erkennen und reiste mit einer Delegation nach Frankreich, um passende Hengste der „Anglo-Normänner“-Rasse zu finden. Mit dem 1888 geborenen Anglo-Normannenhengst „Faust“ hatte man das große Glück, einen echten Stammvater zu finden, der hervorragend zu den bäuerlichen Stuten passte. Er schrieb ein neues Kapitel in der Zuchtgeschichte Marbachs. „Faust“ war nicht nur besonders robust und typvoll, sondern auch sehr fruchtbar. Er bescherte dem Gestüt und den privaten Stutenhaltern zahlreiche Nachkommen. Das damals formulierte Zuchtziel „Herr und Bauer“ hatte bis in die 50er-Jahre des 20. Jahrhunderts Bestand und wurde trotz Einkreuzungen arabischer Pferde aus dem königlichen Gestüt Weil und ostpreußischer Pferde nur wenigen Veränderungen unterworfen. Das typische „Württemberger Arbeitspferd“ war ein kraftvolles, gedrungenes und tiefrumpfiges Pferd, das im Cob-Typ stand.

1969 war „Freisohn“ der letzte Altwürttemberger-Hengst auf Deckstation.

Der Hengst „Ehrmann“ (Edano I x Jena) ist ein hervorragender Vertreter der Altwürttemberger: kompakt, starker Hals, gutes Fundament. Altwürttemberger werden auch heute noch gerne zum Fahren eingesetzt.

Angrenzend an die Hengststation in Offenhausen steht noch eine alte Klostermauer, die eine ganz besondere Stelle schützend umgibt: Den Quellteich des Flüsschens Lauter.

Als dann in den 60er-Jahren damit begonnen wurde, das Württembergische Warmblut zu einem moderneren, eleganten Reit- und Sportpferd umzuzüchten, geriet das ursprüngliche Zuchtziel ins Abseits, und der alte Schlag der Arbeitspferde war fast vom Aussterben bedroht. Im Jahr 1969 stand mit dem Altwürttemberger-Hengst „Freisohn“ letztmals ein Vertreter dieser Rasse auf einer Hengststation, und der Bestand an zuchtfähigen Stuten sank in den 80er-Jahren dramatisch. Als sich deshalb im Jahr 1988 im Gestütsgasthof Marbach die Freunde des klassischen Württembergischen Warmblutpferdes trafen und zum „Verein der Erhaltung des Altwürttemberger Pferdes“ zusammenschlossen, war das gewissermaßen die letzte Rettung für diese Rasse. Von rund 160 Stuten, die noch mindestens 50 Prozent Altwürttemberger-Blutanteile aufwiesen, wurden damals lediglich noch 22 ins Stutbuch aufgenommen.

Bei den Hengsten sah es noch kritischer aus, weshalb zwischenzeitlich auf Hengste aus dem Landgestüt Moritzburg ausgewichen wurde. 1992 kam dann aber mit dem 1988 geborenen „Sorent“ wieder ein Hengst aus dem eigenen Zuchtgebiet zum Einsatz, der hervorragende Nachkommen zeugte. Sein Sohn „Sorano“ ist noch heute in Marbach im Deckeinsatz.

Es waren vor allem der angenehme und umgängliche Charakter, die Leistungsbereitschaft und die vielseitigen Einsatzmöglichkeiten des Altwürttembergers als Nutz- und Freizeitpferd am Wagen und unter dem Sattel, die seine Freunde darin bestärkten, diese Rasse zu pflegen und zu

erhalten. Aktuell liegt die Zahl, der ins Stutbuch eingetragenen Stuten, wieder bei knapp 70, und beim Pferdezuchtverband Baden-Württemberg sind derzeit zehn Altwürttemberger Hengste eingetragen.

Neuer Normänner-Hengst „ULI" soll an den Erfolg von „Faust" anknüpfen

Um wieder eine Auffrischung des Blutes zu bekommen, erinnerte sich Gestütsdirektorin Dr. Astrid von Velsen-Zerweck an die alte Tradition, in Frankreich eine Blutanleihe zu machen. Sie reiste in die Normandie und fand im Staatsgestüt St. Lô einen schönen Hengst, der ihr für Marbach sehr geeignet erschien: Den Cob Normand „Ulysse des Prés", der nun in Marbach seit zwei Deckperioden im Einsatz ist. Der Hengst bringt viel Bewegung und Eleganz mit und besitzt einen kräftigen Körperbau, der in der Anpaarung mit den Altwürtttemberger Stuten wieder massigere Fohlen erwarten lässt. Mit dem Cob Normand und den zwei Altwürttemberger Deckhengsten „Ehrmann" und „Sorano" trägt das Haupt- und Landgestüt Marbach aktiv dazu bei, diese alte Pferderasse als Kulturgut des Landes zu erhalten.

Kurzinfo

ALTWÜRTTENBERGER WARMBLUT

Ursprung:	Deutschland (Mitte 19. Jahrhundert)
Hauptzuchtgebiet:	Baden-Württemberg
Verbreitung:	gering
Stockmaß:	155–165 cm
Farben:	Überwiegend Braune, Rappen und Füchse, selten auch Schimmel
Exterieur:	Mittelschwer, genügend Kaliber (Cobtyp), lange Schulter, Kruppe leicht abfallend
Haupteinsatzgebiet:	Ideales Freizeit-, Familien-, Kutsch- und Arbeitspferd, ein Kamerad für die Arbeit und die Erholung, auch für therapeutisches Reiten und Voltigieren geeignet
Besondere Merkmale:	Gutmütiger Charakter trotz lebhaftem Temperament, nicht schreckhaft, anspruchslos und robust, willig im Geschirr und unter dem Sattel, lange Lebensdauer, leistungsbereit, zugfest und zugwillig

Bestand:
- Die Stutenpopulation umfasst zur Zeit etwa 65 Tiere
- 10 anerkannte Hengste

Der Altwürttemberger steht auf der Roten Liste der bedrohten Nutztierrassen und gilt damit als extrem gefährdet.

Zucht und Erhaltung:
Die heutige Altwürttemberger-Population konnte leider nur teilweise aus dem Württemberger Warmblut entwickelt werden, da bei Beginn der Erhaltungsbestrebungen (1988) nur noch wenige reine Altwürttemberger-Stuten und kaum Hengste mit Altwürttemberger-Genanteil vorhanden waren. Es musste daher auf Stuten mit Trakehnerblut und auf Hengste des Gestüts Moritzburg zurückgegriffen werden, welche auf die Oldenburger Warmblutzucht zurückgehen.

Folgende Hengste sind zur Zeit im Haupt- und Landgestüt Marbach als Beschäler im Einsatz:

Ehrmann
Sorano
Ulysse des Prés (Cob Normand)

Man sagt, in den Augen der Pferde könne man ihr Wesen erkennen. Je größer und schöner dieses Auge ist, das den Betrachter anblickt, umso mehr arabisches oder spanisches Blut fließt in den Adern ihrer Vorfahren.

Bild rechts: HSM Rolf Eberhardt mit dem ehemaligen Landbeschäler „Cabernet“ von Casaretto.

WÜRTTEMBERGER WARMBLÜTER –

Vom Arbeitspferd zum eleganten Reitpferd

In der Zeit nach dem 2. Weltkrieg wandelte sich die Nachfrage nach Pferden dramatisch, da ihre Arbeitskraft in der Landwirtschaft kaum noch eine Rolle spielte und die modernen Transportmöglichkeiten Pferde eher als Relikte der Vergangenheit erscheinen ließen. Auf den Äckern übernahmen Traktoren die Arbeit und auf den Straßen sah man kaum noch Pferdefuhrwerke. Für die Staatsgestüte und privaten Züchter begann eine harte Zeit der Einsparungen und der Bestandsreduzierung. Wollte man das Überleben der Pferde in der Gesellschaft sichern, hatte man einzig und allein die Möglichkeit, es als Sport- und Freizeitpartner des Menschen zu etablieren. So begann man, die Pferdezucht auf diese veränderten Bedingungen umzustellen. Die Pferde sollten leichter, eleganter und sportlicher werden, ohne jedoch ihre Leistungsbereitschaft und ihren ausgeglichenen Charakter zu verlieren. Auch in Marbach begann man, nach geeigneten Hengsten für diese „Umzüchtung“ zum Reitpferd zu suchen. Man hatte zwar schon in der Vergangenheit Erfahrungen mit der Einkreuzung von arabischen Pferden in die Altwürttemberger Arbeitspferde gesammelt, diese konnten jedoch nicht überzeugen. Aufgrund früherer Zuchtversuche mit ostpreußischen Pferden begann man, sich unter Dr. Georg Wenzler auf die Trakehner zu besinnen, denn sie blickten zu dieser Zeit schon auf eine rund 200-jährige Zuchtgeschichte als ausdauerndes und leitstungsstarkes Reitpferd zurück. Darüber hinaus verkörperten sie in ihrer Erscheinung, Gebäude und der außerordentlichen Rittigkeit genau den Typ Pferd, den man sich für die eigene Warmblutzucht vorstellte.

Aufgrund der großen Flüchtlingstrecks aus Ostpreußen, standen in Deutschland zu dieser Zeit sehr viele Trakehnerhengste und -stuten zur Verfügung. Überall wurden auf den Landgestüten Trakehner zur Veredelung der regionalen Pferderassen eingesetzt, doch am konsequentesten und erfolgreichsten geschah dies in Marbach. Einerseits trafen die ostpreußischen Hengste im Haupt- und Landgestüt Marbach auf eine große und sehr gute Elite-Stutenherde, die ja schon in ihren Adern ostpreußisches Blut führte, andererseits passten sich die Trakehner-Hengste ideal den klimatischen Bedingungen der Schwäbischen Alb an, da diese in ihrer ostpreußischen Heimat sehr ähnlich waren.

Zum absoluten Glücksfall für die Marbacher Zucht wurde der Trakehner Fuchshengst „Julmond“, der 1958 im hohen Alter von 20 Jahren zusammen mit seinem Sohn „Ikarus“ als Hauptbeschäler nach Marbach kam. In nur vier Jahren bis zu seinem plötzlichen Tod durch einen Herzschlag beeinflusste er die Württembergische Warmblutzucht wie kein anderer. „Julmond“ war der richtige Hengst zur richtigen Zeit und wurde

HAUPT- u. LAND GESTÜT
MARBACH

Trakehnerhengst IKARUS (Julmond x Bekasine).

Trakehnerhengst KORNETT II (Maharadscha x Korinthe).

Trakehnerhengst PREGEL (Tropenwald x Peraea).

ähnlich wie im 19. Jahrhundert der Anglo-Normannenhengst „Faust" zum Gründerhengst der neuausgerichteten Zucht in Marbach. Er zeugte 140 typvolle Nachkommen, darunter über 30 gekörte Hengste und 20 Elitestuten, die in der Marbacher Stutenherde verblieben. Vor allem seine Söhne „Ikarus", „Armin" und „Jugol" traten sein Erbe in Marbach an. Auch heute noch finden sich Nachkommen von „Julmond" unter den Landbeschälern und Zuchtstuten im Haupt- und Landgestüt Marbach.

Der Einfluss des Trakehner-Blutes

Nachdem dieser Trakehner-Fuchshengst so erfolgreich und positiv die Entwicklung eines eleganten Württemberger-Reitpferdes beeinflusst hatte, blieb man diesem Erfolgsrezept treu und kaufte weitere Trakehnerhengste und -stuten für die Marbacher Zucht an. Besonders einflussreich waren darunter der Schimmelhengst „Pregel" und der edle Fuchs „Kornett II", der durch seinen Urgroßvater, den legendären polnischen Araber „Fetysz ox", seinen Nachkommen sehr viel arabisches Flair und großes Springvermögen vermachte. Mit diesen beiden Hengsten gelang es Marbach, zwei ausgezeichnete Vertreter der beiden wichtigsten Trakehner-Blutlinien in den 70er-Jahren des letzten Jahrhunderts zu erwerben und so die neue Zuchtzielsetzung des „Deutschen Reitpferdes" nicht nur zu erfüllen, sondern maßgeblich mit zu prägen. Es folgten weitere Hengste mit Trakehner-Blutlinien und in der Blütezeit des Einflusses dieser ostpreußischen Pferde gingen ca. 50 % der Hengste, die auf den Marbacher Deckstationen den Stuten des Landes zur Verfügung standen, auf reine Trakehner-Blutlinien zurück. Weitere 20 % waren zumindest zur Hälfte Trakehner-Abstammung. Auch die Herde der Warmblut-Zuchtstuten war sehr stark durch die Trakehner beeinflusst.

In nur wenigen Jahrzehnten hat sich das Erscheinungsbild der Pferde auf der Schwäbischen Alb sehr stark verändert. Die gedrungenen, starken Arbeitspferde mit ihren starken Knochen und der breiten Brust waren nahezu von den Weiden Marbachs verschwunden und die „Umzüchtung" zum leichteren und eleganteren Reitpferd konnte man als erfolgreich und abgeschlossen ansehen. Mit der Erschaffung des „Deutschen Reitpferdetyps" prägten nun nicht mehr die regionalen Verhältnisse und Einsatzgebiete die unterschiedlichen Pferderassen in den deutschen Zuchtgebieten, sondern einzig die Verwendung als Reitpferde im Sport- und Freizeitbereich bestimmten bundesweit die Zuchtziele der verschiedenen Staatsgestüte.

Trakehnerhengst Julmond

Ein Glücksfall für die Württemberger Warmblutzucht

Bei allen Pferderassen tritt irgendwann einmal ein Ausnahmehengst in Erscheinung, der gerade zum richtigen Zeitpunkt am richtigen Ort auf die richtigen Stutenpopulationen trifft und eine eigene Blutlinie begründet, auf die später viele Generationen aufbauen können. Ein solcher Ausnahmehengst ist für das Haupt- und Landgestüt Marbach in der Nachkriegszeit der Trakehner-Fuchshengst „Julmond". Doch nicht nur aus züchterischen Gesichtspunkten war dieses Pferd etwas ganz Besonderes.

Im Schicksal des Trakehners „Julmond" spiegelt sich eine bittere Episode der deutschen Geschichte wider. Als er am 26. April 1938 geboren wurde und lebensfroh über die Fohlenweide galoppierte, schien die Welt noch in Ordnung zu sein. Der Bauer Mickoleit aus Rautengrund im Landkreis Tilsit-Ragnit war der stolze Züchter und Besitzer von „Julmonds" Mutter, der Ostpreußen-Stute „Pady", die von dem Hengst „Julianus", einem schicken Schwarzbraunen, gedeckt worden war. Das Hauptgestüt Trakehnen, wohl eines der berühmtesten und wichtigsten Zentren der Pferdezucht in Preußen, stellte zu dieser Zeit ein blühendes Warmblutgestüt von hohem Stellenwert dar, mit vielen Pferdeherden, die über mehrere tausend Hektar Land und in zahlreichen Vorwerken verteilt lebten.

„Julmond" wurde 1941 angekört und wirkte als Beschäler für die Fuchsherde im Landgestüt Georgenburg, doch er hinterließ keinen großen Eindruck als Vererber, denn die Konkurrenz zu den großen Trakehnerstar-Hengsten wie beispielsweise „Ararad", „Poseidon", „Pilger", „Kupferhammer", „Hyperion", „Polarstern", „Pythagoras" und vielen mehr war erdrückend. Im bitterkalten Winter 1944 überrollte dann der Krieg das Gestüt, das trotz der stetig vorrückenden russischen Invasionsarmee bis zum letzten Moment nicht evakuiert werden durfte. Als die Flucht unausweichlich war, brauchte man zuverlässige und robuste Begleitpferde, welche die verschiedenen Herden von Stuten und Jungpferden über Hunderte von Kilometern „heim ins Reich" treiben konnten. Der Fuchshengst „Julmond" schien zu den richtigen für diese schwere Aufgabe zu gehören. Sein Reiter, Landstallmeister Warburg, und er vollbrachten eine unglaubliche Leistung, als sie eine große Herde von zweijährigen Hengsten durch Eis und Schnee über das zugefrorene „Frische Haff" Richtung Westen anführten. Eine gefährliche Strecke, immer wieder brachen Kutschen und schwer beladene Wagen im Eis ein. Einmal konnten „Julmond" und sein Reiter einen kleinen Jungen retten, der ohne sie ertrunken wäre. Der Hengst legte mehr als die doppelte Distanz zurück als die Herde, denn er musste immer wieder die Pferde umrunden, antreiben und die Nachzügler einsammeln. Es gab kaum Futter, und es war schwer, die Pferde bei all den Flüchtlingswagen und Menschen, die auch zu Fuß unterwegs waren, zusammenzuhalten. Viele lange Nächte mussten sie bei schneidender Kälte dort draußen kampieren, wo sie gerade waren. Sie mussten die Weichsel und die Elbe auf Fähren überqueren, teilweise wurden die jungen ängstlichen Pferde in Eisenbahnwaggons transportiert. Fast alle kamen wohlbehalten an, wenn auch vollkommen ausgelaugt, nach 40 Tagen und über 1000 km im Hauptgestüt Redefin an. Doch schon nach einer kurzen Verschnaufpause ging es weiter, immer auf der Flucht vor der nachrückenden russischen Armee. Ihre nächste Station, das Landgestüt Celle, war ebenfalls mit zwei- und vierbeinigen Flüchtlingen überfüllt. Doch als deren Landstallmeister, Dr. Korndorff, einmal die Gelegenheit hatte, „Julmond"

Gemälde des Trakehnerhengstes „Julmond" von Julianus aus der Pady (*1938; †1965), welches im Gestütsmuseum Offenhausen ausgestellt ist.

zu reiten, war er so angetan vom dem Trakehner, dass er alles tat, was er konnte, um den Ostpreußen zu helfen. Die gerettete Junghengstherde wurde später in einem Gestüt im Hunsrück aufgezogen. Aus dieser Gruppe von Pferden sollten die meisten Trakehner-Hengste kommen, die im Nachkriegs-Deutschland die Zucht wieder aufbauten. Von Tausenden von Pferden mit dem Brand der Elchschaufel auf der Hinterhand überlebten nur circa 800 Tiere.

„Julmond" war vollkommen abgemagert, aber ansonsten in guter Verfassung, als er schließlich im Landgestüt Warendorf ankam. „Kein einziges Mal hat er auf der ganzen Strecke gelahmt ...,", erzählte sein zweiter Reiter Herr Adomat stolz.

Auch in Warendorf wurde „Julmond" als Beschäler eingesetzt, wenn auch nur mit mäßigem Erfolg, doch er war bei dem Gestütspersonal sehr beliebt: Man konnte ihn jederzeit und überall gebrauchen, er war immer arbeitswillig, zuverlässig und einfach im Umgang. Er überzeugte dabei nicht nur unter dem Sattel, sondern ging sogar in Anspannung als Wagenpferd. Man könnte sagen „Julmond" hat alle, die mit ihm näher zu tun hatten, in kürzester Zeit für sich eingenommen, denn er war ein freundliches, ehrliches Pferd und immer aufmerksam.

Dann klopfte das Schicksal wieder einmal an die Tür und „Julmond" stand auf der Liste der Schlachtpferde. Das Gestüt Warendorf musste seinen Pferdebestand reduzieren, denn in den 50ziger-Jahren war das Interesse an der Pferdezucht in der jungen Bundesrepublik sehr gering. Im Zuge der Modernisierung der Landwirtschaft schafften viele Bauern ihre letzten Pferde ab und für die Pferdezucht war kein Geld da. Das Reiten war entweder ein Bauernsport, oder die aufkommende Vollblutzucht und der Galopprennsport nur etwas für die ganz Reichen. „Julmonds" Schicksal schien besiegelt zu sein.

Doch da passierte etwas vollkommen Unvorhersehbares, das einzigartig ist in der Geschichte der Staatsgestüte: Die Reiter in Warendorf, alles Beamte und hartgesottene Männer, beschlossen das Futtergeld für „Julmond" privat aus ihren eigenen Taschen zu finanzieren. Sein besonderer Charakter und sein Wesen hatten ihre Herzen gewonnen, sie wollten ihn nicht sterben lassen, und sie hatten Erfolg.

Die nächste Station für „Julmond" war das kleine Trakehnergestüt von Dr. Brinkhaus in Hohenheide. Dem Züchter gefiel der zähe Fuchs mit den schönen, intelligenten Augen, und es waren auch die richtigen Stuten für ihn da. Doch bevor „Julmond" zeigen konnte, was in ihm steckt, verstarb Dr. Brinkhaus, das Gestüt wurde aufgelöst. „Julmond" wurde billig nach Münsingen verkauft, in die staatliche Zucht unter Regierungsdirektor Opitz, der den Hengst sehr mochte und schon im ersten Jahrgang seine guten Fohlen wohlwollend bewertete. Dort begegnete ihm dann Dr. Wenzler, Oberlandstallmeister vom Haupt- und Landgestüt Marbach. Er schaute sich seine Fohlen an und beschloss, den 20-jährigen Hengst und zwei seiner Söhne in Marbach einzusetzen.

Im Nachhinein muss man sagen: Dr. Wenzler hatte ein gutes Auge und einen guten Instinkt, als er „Julmond" und seine Söhne für Marbach erwarb. Der Hengst war eigentlich aufgrund seines hohen Alters keine vielversprechende Investition mehr für die Zukunft. Doch Dr. Wenzler wusste, was für einen Schlag Pferd er für die raue Alb brauchte, die in ihren klimatischen Bedingungen dem alten ostpreußischen Trakehnen mit seinem herben Klima nicht unähnlich war. Er wollte das traditionsreiche genetische Erbgut dieses Hengstes mit seinem makellosen Trakehner-Stammbaum mit dem bunt gewürfelten Württemberger Stutenmaterial paaren und hoffte auf eine dominante Durchschlagkraft.

Als „Julmond" nach Marbach kam, wurde er zum persönlichen Reitpferd des Chefs. Er deckte sofort sehr viele Stuten und sein erster Jahrgang war hervorragend. Nur knapp vier Jahre lebte und wirkte er in Marbach, bis er am 26. März 1965 starb. „Julmond" zeugte 32 Hengste und über 100 Stuten. Seine Söhne und Kindeskinder hinterließen ebenfalls seine genetischen Hufspuren. Alles passte zusammen, es war, als hätte man in Marbach nur auf ihn gewartet. „Julmond" wurde zum Gründerhengst der modernen Württemberger Warmblutzucht.

Auch heute noch findet man Julmonds Nachkommen in der Stutenherde Marbachs. Joschka, eine Urenkelin, war über Jahrzehnte weg das Kindermädchen für die Absatzstutfohlen auf dem Fohlenhof in St. Johann. Aus der fünften Generation lassen sich folgende Stuten anführen: Mammamia (v. Monrepos), Matrix (v. Metteur), Winnipeg (v. Worldly) und Dolores (v. Don Bosco). Aus der sechsten Generation: Laguna und Calabria (v. Cavallieri xx), Genista (v. Gardez) und es gibt auch schon die siebte Generation: What´s up (v. Worldly), Gabella (v. Gardez) sowie Elisa (v. Epikur). Als Hengst ist in der achten Generation der erfolgreiche Dressurhengst Lemberger (v. Locksley II.) zu nennen und der einflussreiche Trakehnerhengst Laurel (v. Stan the Man xx) trägt ebenfalls Julmondblut über die Mutterlinie in seinen Adern.

Julmond – geboren 1938 in Ostpreußen, gestorben 1965 in Marbach an der Lauter – ein deutsches Pferdeschicksal!

Aber er hatte durchaus auch einen Einfluss auf die Trakehner-Reinzucht im Nachkriegs-Deutschland, denn seine Tochter „Vilja" wurde zur Stammstute des einflussreichen Trakehnergestüts Hämelschenburg.
Seine Nachkommen „Vincent", „Valerian", „Van Deyk" und „Velasquez" haben sich in der Trakehnerzucht durch die Erzeugung besonders rittiger Pferde einen Namen gemacht. Da das „Experiment Julmond" so gut gelungen war, kamen weitere Trakehner-Hengste in Württemberg zum Einsatz – so zum Beispiel die beiden Schimmel „Pregel" und der elegante „Himalaya" sowie der Fuchs „Kornett II". Auch heute stehen wieder Trakehner als Spitzenvererber in den Stallungen von Marbach, die ihr Erbgut sowohl an die gestütseigenen Stuten als auch an Gaststuten weitergeben.

Vor dem Hintergrund dieser Geschichte kann man wohl verstehen, dass „Julmond" als einziger Hengst des Gestüts Marbach seine letzte Ruhestätte in Marbach fand. Oben, am Ende der großen Ahornallee, durch die mit ihm oft geritten wurde, und die hinauf führt zu den alten Stallungen an der Kreuzung zur hohen Koppel, da steht ein großer Stein mit einer Bronzetafel, die an den Trakehner „Julmond" erinnert, der von weit her kam, um in Marbach seine Heimat und sein Wirkungsfeld zu finden.

Aus dem Zuchtziel, ein vielseitiges Reitpferd zu schaffen, wurde nun eine eher leistungs- und erfolgsorientierte Zucht des „Deutschen Sportpferdes". Um dies zu erreichen und alle dem Württembergischen Warmblut mehr Sportlichkeit, Leistungsvermögen und ein größeres Kaliber zu verleihen, wurden ab den 70er-Jahren immer mehr Hengste aus den hannoveranisch-westfälischen Blutlinien eingesetzt. Diese oft großrahmigen und mächtigen Hengste sollten dem Württemberger Pferdeschlag ein raumgreifenderes Gangvermögen und eine verbesserte Springveranlagung vermachen. Auch die englischen Vollblüter gewannen als Veredlerhengste immer mehr Einfluss auf der Schwäbischen Alb, wohingegen die reinen Trakehner-Hengste und -Stuten mehr und mehr an Bedeutung verloren. Im Haupt- und Landgestüt Marbach versuchte man dennoch, einen Mittelweg zu finden, zwischen der marktorientierten Leistungszucht von Pferden für den internationalen Sport und den Bemühungen, die alten Blutlinien zu erhalten, und diese weiterhin als Grundlage für den modernen Württemberger-Reitpferdetyp zu nutzen – ein regelrechter Spagat zwischen Tradition und Moderne, der bis heute prägend ist.

Ein besonderer züchterischer Erfolg gelang Marbach mit dem 1990 geborenen Rapphengst Gardez (v: Ganymed x m: Herzblatt), der in sich beste Marbacher- und Hannoveraner-Blutlinien vereint und mütterlicherseits auf die berühmte Marbacher Vollblutaraber-Stutenfamilie von Halali zurückgeht. Bis heute ist der eindrucksvolle Rapphengst trotz seines hohen Alters in Marbach im Deckeinsatz und kann auf zahlreiche sportlich erfolgreiche Nachkommen zurückblicken.

Unter den einflussreichen Beschälern in Marbach finden sich neben den selbst gezogenen Hengsten aber auch viele Pferde aus anderen Zuchtgebieten.

HSM Rolf Eberhardt mit Hengst „Hochfein" (His Highness x Feine Fee) repräsentierte das Gestüt Marbach auch schon bei einer internationalen Veranstaltung in Calgary/Kanada.

Alle jungen Pferden bekommen in Marbach eine solide Grundausbildung in der Dressur und im Springen. Überragende Talente werden darüber hinaus gefördert und bekannten Dressurreitern wie Anabel Balkenhol anvertraut, damit sie auch im großen Sport erfolgreich auftreten können.

Bild oben: Anabel Balkenhol mit Hengst „Lemberger" (Locksley II x Genista).

Nur hartes Training und jahrelange Hingabe an den Sport führen zum Erfolg. Das lernen die Auszubildenden in Marbach in ihren drei Lehrjahren. Egal, ob im Springsattel oder auf der Kutsche, immer gehört persönlicher Einsatz dazu.

Als leistungsstarker und herausragender Vererber von Pferden für den Vieseitigkeitssport hat sich in besonderem Maße der irische Vollblüter „Stan the Man xx" einen Namen gemacht. Er ist der Vater des in Marbach gezogenen Wallachs „La Biosthetique Sam FBW", dem jetzt schon legendären Erfolgspferd des Olympiasiegers und Weltmeisters Michael Jung, und seinem Halbbruder dem Trakehner-Fuchshengst „Laurel", der in Marbach als Landbeschäler stationiert ist.

In jungen Jahren kaufte Marbach den Hannoveraner Hengst „Hochfein" ein, der nun als eindrucksvoller Prämienhengst im Deckeinsatz ist und in den letzten Jahren viel Aufmerksamkeit auf sich gezogen hat. Sportlich erfolgreich im Turniersport bis Klasse S, begeistert er die Menschen auch als spektakuläres Show-Pferd bei Auftritten in der Hop-Top-Show der Equitana oder den Marbach Classics und ist zu einem Aushängeschild Marbachs geworden.

Die Warmblut- und Sportpferdezucht des Haupt- und Landgestüts Marbach ist trotz zahlreicher Wandlungen und den einen oder anderen schwierigen Phasen eine echte Erfolgsgeschichte. Es steht außer Frage, dass die Nachkommen der Marbacher Hengste und Stuten echte Athleten sind, die durch ihre sportlichen Erfolge und ihre Vererbungsleistung im internationalen Vergleich bestehen: Olympiapferde und S-Sieger, Bundeschampionatsfinalisten und Landeschampions, Bundessieger, Körungssieger, Goldfohlen und Leistungsprüfungssieger – das sind Erfolgspferde „made in Marbach", die in sich die Tradition und Erfahrungen von fünf Jahrhunderten Zuchtgeschichte tragen.

Blick über die Schulter – Hannoveranerhengst „Hochfein" (His Highness x Feine Fee).

Marbachs DECKHENGSTE im Überblick

DSCHEHIM OX
Arabisches Vollblut
*1996, Schimmel, Stm. 157 cm
V: Pamir ox
M: Dschihan ox, MV: Nasrodin ox

MUSAB OX
Arabisches Vollblut – rein ägyptisch
*2005, Braun, Stm. 153 cm
V: NK Bolbol ox
M: Maaza ox, MV: Serenity Habib ox

SAID OX
Arabisches Vollblut
*1999, Schimmel, Stm. 155 cm
V: Pamir ox
M: Sadana ox, MV: Saher ox

ICARE D'OLYMPE AA
Anglo Araber
*1999, Fuchs, Stm. 164 cm
V: Feticheur AA
M: Unastella AA, MV: Impulsif AA

LL DIVO XX
Englisches Vollblut
*2005, Dunkelbraun, Stm. 172 cm
V: Dashing Blade xx
M: Independent Miss xx, MV: Polar Falcon xx

DACHS
Schwarzwälder Kaltblut
*2007, Dunkelfuchs, Stm. 155 cm
V: Dachsberg
M: Hanna, MV: Riemer

DONNERGROLL
Schwarzwälder Kaltblut
*1996, Dunkelfuchs, Stm. 157 cm
V: Dirk
M: Marina, MV: Retter

FALKENSTEIN
Schwarzwälder Kaltblut
*2008, Dunkelfuchs, Stm. 153 cm
V: Federsee
M: Indira, MV: Wilderer

FEDERSEE
Schwarzwälder Kaltblut
*2004, Dunkelfuchs, Stm. 152 cm
V: Federweißer
M: Ilona, MV: Riemer

LVV MODIGLIANI
Schwarzwälder Kaltblut
*2007, Dunkelfuchs, Stm. 153 cm
V: Modus
M: Diana, MV: Direkt

MARKSTEIN
Schwarzwälder Kaltblut
*2008, Dunkelfuchs, Stm. 151 cm
V: Montan
M: Puppe, MV: Donnergroll

MONDEO
Schwarzwälder Kaltblut
*2011, Braun, Stm. 153 cm
V: Modem
M: Amelie, MV: Riegel

RAMSTEIN
Schwarzwälder Kaltblut
*2011, Dunkelfuchs, Stm. 152 cm
V: Revisor
M: Heike, MV: Moritz

REVISOR
Schwarzwälder Kaltblut
*1991, Dunkelfuchs, Stm. 152 cm
V: Retter
M: Diana, MV: Diktator

VENTO
Schwarzwälder Kaltblut
*2006, Dunkelfuchs, Stm. 152 cm
V: Vogtsberg
M: Riona, MV: Retter

VOGTSBERG
Schwarzwälder Kaltblut
*1998, Dunkelfuchs, Stm. 157 cm
V: Vinzens
M: Lore, MV: Diktator

WILDER RETTER
Schwarzwälder Kaltblut
*2006, Fuchs, Stm. 158 cm
V: Wilderer
M: Ronja, MV: Retter

WILDHÜTER
Schwarzwälder Kaltblut
*2002, Dunkelfuchs, Stm. 156 cm
V: Wilderer
M: Dorle, MV: Moritz

Marbachs DECKHENGSTE *im Überblick*

EHRMANN
Altwürttemberger
*1996, Dunkelbraun, Stm. 164 cm
V: Edano I
M: Jena, MV: Jurist

SORANO
Altwürttemberger
*1998, Dunkelbraun, Stm. 164 cm
V: Sorent
M: Edana, MV: Edano I

ULYSSE DES PRÉS
Cob Normand
*2008, Braun, Stm. 160 cm
V: Glameur
M: Kadette 12, MV: Dakar du Lys

FLEINER
Württemberger
*1986, Dunkelbraun, Stm. 172 cm
V: Flirt
M: Grandezza, MV: Grande

GARDEZ
Württemberger
*1990, Rappe, Stm. 166 cm
V: Ganymed
M: Herzblatt, MV: Herzbube/T.

KAISERSTOLZ
Württemberger
*2010, Rappe, Stm. 167 cm
V: Kronprinz/T.
M: Patrizia, MV: Pik Junior

LEMBERGER
Württemberger
*2008, Rappe, Stm. 174 cm
V: Lord Locksley II
M: Genista, MV: Gardez

SIR NYMPHENBURG
Württemberger
*2005, Fuchs, Stm. 166 cm
V: Sir Donnerhall I
M: Ramira, MV: Regazzoni

CHRISTDORN
Hannoveraner
*2002, Braun, Stm. 167 cm
V: Contendero I
M: Glücksmünze, MV: Glücksstern

HOCHFEIN
Hannoveraner
*2004, Rappe, Stm. 171 cm
V: His Highness
M: Feine Fee, MV: Feiner Stern

FÜRSTENHOF
Hannoveraner
*2010, Dunkelbraun, Stm. 166 cm
V: Fürst Grandios
M: Weltina, MV: Weltmeer

METTEUR
Hannoveraner
*1995, Dunkelbraun, Stm. 167 cm
V: Metternich
M: Pathetique, MV: Pick Bube

SIR SANDRO
Hannoveraner
*2003, Rappe, Stm. 169 cm
V: Sandro Hit
M: Whitney, MV: Weltmeyer

HERBSTKÖNIG
Trakehner
*2008, Braun, Stm. 168 cm
V: Interconti/T.
M: Herbstlied V/T, MV: Timber/T.

LAUREL
Trakehner
*1995, Fuchs, Stm. 172 cm
V: Stan the Man xx
M: Liga/T., MV: Pregel/T.

ASSISTENT
Trakehner
*1992, Schwarzbraun, Stm. 168 cm
V: Kornett/T.
M: Ascona/T., MV: Mahagoni/T.

LOVING DANCER
Holsteiner
*1997, Braun, Stm. 168 cm
V: La Zarras
M: Cabinetta, MV: Calypso I

DIAMOND STAR
Oldenburger
*2003, Braun, Stm. 166 cm
V: Diamond Hit
M: Perle, MV: Feiner Stern

MARBACHS BESTIMMUNG

Zucht
Aufzucht
Ausbildung

Junge Pferde sind wie rohe Diamanten mit vielen versteckten Qualitäten, die man zum Leuchten bringen möchte. Sie haben gute Anlagen, doch man kann sie anfangs nur erahnen. Erst wenn man mit den Pferden arbeitet, ihnen Schliff gibt, dann beginnen sie zu funkeln und zu brillieren. Ein neu geborenes Fohlen berührt durch seine Unschuld. Ein ausgebildetes Pferd besticht durch seine kraftvolle Präsenz und seinen athletisch geformten Körper. Das ist der Weg, doch dahinter steckt sehr viel Arbeit. Auf einem Staatsgestüt wie Marbach werden nicht nur die jungen Pferde „belehrt", sondern auch junge Menschen erhalten hier ihre Ausbildung. Sie erlernen einen Beruf und gleichzeitig lernen sie, wie man verantwortungsvoll mit dem Leben umgeht.

Die Atmosphäre im Laufstall der Stuten ist einzigartig: Sonnenlicht fällt auf das gelbe Stroh, in dem die Fohlen liegen und schlafen. Es herrscht ein besonderer Frieden in diesem Raum: Die Mütter fressen genüsslich ihr Heu und manchmal wiehert ein Pferdekind leise im Schlaf, während seine Beinchen im Traum zucken.

AUFZUCHT IN MARBACH

Ein guter Start ins Pferdeleben

Früh im Jahr, wenn draußen auf den Wiesen noch dicker Schnee liegt, werden die Fohlen in die Geborgenheit der großen Stutenherde hineingeboren, die ihr eigenes kleines Königreich hat: Den großen Stutenlaufstall im Hauptgestüt.

Der erste Akt eines Pferdelebens findet meist mitten in der Nacht statt. Das Erste, was das Fohlen erlebt, ist die Nähe seiner Mutter, die es trockenleckt und immer wieder leise ruft und anstupst, um es zum Aufstehen zu animiert. Meist ist der Stutenmeister, Klaus Niethammer, zur Stelle, um sicher zu sein, dass alles gut geht. Ein völlig übermüdeter Azubi, der für die Nachtwache eingeteilt war, rief ihn an, als sich die Stute mit den ersten Wehen in das Stroh gelegt hatte. Es dauert dann nur ein paar Minuten, bis er in der Abfohlbox steht und dieses Wunder mit leuchtenden Augen beobachtet. Immer und immer wieder erfüllt es ihn mit Freude: „... Mehr als tausend Fohlen werden es schon sein“, meint er, „die hier bei mir zur Welt gekommen sind. Meistens muss man ja Gott sei Dank nicht helfen, doch manchmal ist es ganz wichtig, da zu sein, wenn z.B. die Haut der Gebärmutter die Nüstern bedeckt und das Fohlen keine Luft bekommt.“ Liebevoll rubbelt er das nasse Fell des Fohlens trocken.

Fohlen, die in Marbach aufwachsen, haben großes Glück, denn sie erleben eine unbeschwerte Kindheit. Zunächst spielen sie mit ihren Freunden inmitten der Mutterherde, dann können sie über zwei Jahre lang ihre Freiheit auf den herrlich saftigen Weiden genießen.

Bild unten: Warmblutstuten auf der Weide vor ihrem Sommerdomizil.

Im großen Laufstall herrscht eine ganz besondere Atmosphäre. Wenn man ihn früh morgens betritt und die Mütter mit ihren Fohlen noch dösend im Stroh liegen, umgibt die ganze friedliche Szenerie eine himmlische Ruhe. Die kleinen Fohlen träumen im Schaf von ihren ersten Bocksprüngen und zucken mit ihren langen Beinchen.
Langsam fallen die ersten Sonnenstrahlen durch die hohen Stallfenster und verzaubern das Licht, lassen das Stroh goldgelb strahlen und verwandeln den Staub in „Goldpuder", der flirrend in der Luft hängt. Geweckt von dem Licht strecken und recken sich die Fohlen, und die Stuten stehen auf und schütteln sich das Stroh vom Fell. Wenn draußen Schritte zu hören sind und sich der Schlüssel leise quietschend im Schloss herumdreht, schauen alle Pferde mit gespitzten Ohren zur Tür, denn der Stutenmeister Niethammer ist zur Morgenfütterung eingetroffen. Es geht ein Wiehern durch den Stall, das ist für einen Pferdemann immer der schönste Moment am Morgen. Nachdem Stuten und Fohlen gefüttert und geputzt wurden, öffnen sich die großen Stalltore, und es geht hinaus.

Im Frühjahr wird der Schnee von den warmen Sonnenstrahlen vertrieben, und bald galoppieren die Fohlen durch duftende Blumenwiesen. Sie steigen und spielen, raufen und toben, um dann müde vom Spiel in die Wiese zu plumpsen und tief in den Schlaf zu sinken. Nach etwa sechs Monaten trennt man die Fohlen von den Stuten, damit diese wieder Kraft sammeln können für den kommenden Nachwuchs, der in ihrem Bauch bereits heranwächst.

Nun ist die herrliche Zeit für die Pferdekinder an der Seite ihrer Mütter vorbei. Es ist Herbst geworden, die Blätter verfärben sich, und es wird kalt auf der rauen Alb. Jetzt ist der Tag gekommen, an dem sich die halbjährigen Fohlen von der oft tröstlichen Muttermilch verabschieden müssen. Sie bekommen von nun an ihre eigene kleine Haferschüssel. Ob Warmblut-, Kaltblut- oder Araberfohlen – sie scheinen ihre Mütter vergessen zu haben und sind beschäftigt, ihre neuen Freunde zu kneifen, zu zwicken und zum Spielen zu animieren.

In der kalten Jahreszeit verbringen die Jährlinge die Nächte im wärmenden Stroh der großen Laufställe und kommen täglich auch bei Schnee zum Toben nach draußen. Der Winter geht recht schnell vorbei, und wenn der Frühling kommt und die Nächte milder werden, dürfen die jungen, jetzt schon halbwüchsigen Pferde wieder Tag und Nacht draußen in Freiheit genießen.

Die Heimat der Jungstuten, das Vorwerk „Fohlenhof", gehört zum Marbacher „Gestütshof St. Johann", der bis heute ein wesentlicher Bestandteil des gestütseigenen landwirtschaftlichen Betriebs ist. Bereits ab dem 17. Jahrhundert werden hier Fohlen gehalten.

Darüber hinaus ist der „Fohlenhof" an den Wochenenden ein beliebtes Ausflugsziel für viele Menschen aus den Ballungsräumen Stuttgart, Tübingen und Reutlingen. An schönen Tagen pilgern so viele „Freizeitler" zu den Weiden, dass der Gestütsmeister Strobel seine Schützlinge manchmal sonntags in die Ställe zurückholt, um ihnen ein wenig Ruhe zu gönnen.

Eine herrliche alte Allee führt vom Gestütsgasthof St. Johann zum neu renovierten Vorwerk, das man zu Fuß bequem erreichen kann. Schon aus der Ferne sieht man die Herden über die weitläufigen Koppeln galoppieren. An diesem Ort verbringen die Stutfohlen ihre Jugend, gut zwei Jahre wachsen sie hier auf, und aus zierlichen scheuen Fohlen werden elegante ausgewachsene und selbstbewusste Stutendamen.

Auch die Hengstfohlen und halbwüchsigen Junghengste dürfen ihre Jugend auf dem Vorwerk Hau in Freiheit verbringen. Mit ihren Kameraden können sie auf den weitläufigen Weiden nach Herzenslust raufen, spielen und durch das saftige Gras galoppieren. Es ist wundervoll zu beobachten, wie unterschiedlich sich die Junghengste der verschiedenen Rassen verhalten. Die zierlichen Araber sind immer vorne, wenn es gilt, leichtfüßig dahinzufliegen. Die Warmblutfohlen wollen nicht nachstehen und setzen ihren Ehrgeiz daran, mitzuhalten. Die kräftigen Schwarzwälder Füchse geben meist auf halber Strecke auf und gönnen sich eine Verschnaufpause. Nach einigen Jahren unbeschwerter Jugend und Anpassung an die rauen Winter der Schwäbischen Alb kommen die Lehrjahre.

Diese idealen Bedingungen für die artgerechte und gesunde Aufzucht von Pferden sind nicht allein dem gestütseignen Nachwuchs vorbehalten – Gastpferde sind willkommen.

Morgendliche Pflege der Mutterstuten und Fohlen.

Großzügige Laufställe für die jeweiligen Herden der Vorwerke.

Abstammungstafel über den Futterplätzen der Pferde.

Warmblutstuten und Fohlen werden auf die Sommerweide umgesiedelt.

Gestüterhäuschen auf der Weide „Alte Hütte".

Klares frisches Wasser steht allen Pferden immer zur Verfügung.

Der Stutenmeister mit einem seiner Schützlinge.

Typisches Marbacher Stallgebäude aus rotem Backstein.

IM PORTRÄT

Klaus Niethammer

Stutenmeister

Alljährlich während der Hengstparade steht Klaus Niethammer inmitten seiner Warmblutherde, während er eine Mutterstute nach der anderen mit ihrer Abstammung dem interessierten Publikum vorstellt. Die jungen Fohlen des neuen Jahrgangs sausen inzwischen durch die Arena und zaubern mit ihren wilden Spielen den Zuschauern ein Lächeln auf ihre Gesichter. Auch Klaus Niethammer strahlt voller Stolz, denn er kennt die kleinen Pferdekinder seit ihrer Geburt.

Er hat erlebt, wie sie geboren wurden und ihre ersten Schritte machten. Wenn sie krank wurden oder sich verletzt hatten, war er für sie da und hat sie gesund gepflegt. In diesem Moment schaut er auf die Früchte seiner Arbeit als Stutenmeister des Haupt- und Landgestütes Marbach und als „Ersatzmutter" für all die Fohlen, die jedes Jahr hier geboren werden.

In seinen Händen und in seiner Obhut liegt die Zukunft des Gestütes, denn aus dieser Gruppe junger Fohlen sollen später einmal erfolgreiche Deckhengste, siegreiche Sportpferde und gute Mutterstuten hervorgehen und das Fortbestehen des Gestüts sichern. Die gerade mal ein halbes Jahr alten Fohlen spüren die Spannung und die Freude, die in der Luft der Arena liegen, und präsentieren sich von ihrer besten Seite. Einige Wochen nach der Hengstparade müssen die Fohlen ihre Mütter verlassen und werden nach Geschlechtern getrennt auf die verschiedenen Aufzuchtstationen des Gestütes umgesiedelt. Damit endet die Verantwortlichkeit von Klaus Niethammer für diesen Jahrgang, doch in den Bäuchen der Mutterstuten regt sich schon wieder ein neues Pferdeleben, und so liegen nur wenige entspannte Monate im Laufstall vor ihnen, bevor sich die Kinderstube wieder von Neuem füllt.

1975 kam Klaus Niethammer nach Marbach und absolvierte eine Ausbildung zum Pferdewirt im Bereich Zucht und Haltung. Eine Zeit lang ritt er im Reitkommando, und da er als junger Mann sehr leicht und behände war, gab man ihm immer die Araber zum Reiten. Seit 1988 ist Klaus Niethammer nun Stutenmeister und hatte im Laufe der Zeit über 1.000 Fohlen arabischer Abstammung sowie Warmblutfohlen in seiner Obhut. Die Liebe zu den Pferden liegt ihm im Blut, denn schon auf dem Bauernhof seiner

Eltern wurden Warmblüter für die ländlichen Turniere gezüchtet und ausgebildet. Da sein älterer Bruder den elterlichen Hof übernehmen wollte, hatte er die Möglichkeit, nach Marbach zu gehen.

Klaus Niethammer ist ein achtsamer, aufmerksamer Mensch und hat seine Augen immer überall. Wenn er durch den großen Laufstall geht, sieht er Dinge, die niemandem sonst auffallen würden. Irgendwie scheint er es zu spüren, wenn etwas nicht in Ordnung ist. So manches Mal ahnte er Dinge voraus und konnte dadurch Schlimmes verhindern. In solchen Momenten fasst er sich schnell ans Ohr, eine für ihn typische kleine Geste, die ihm bestimmt selbst nicht auffällt. Über die Jahre hinweg hat er diesen untrüglichen Instinkt entwickelt, der einen wirklichen Pferdemenschen ausmacht.

Doch Klaus Niethammer hat nicht nur die Verantwortung für die Stuten und ihren Nachwuchs, sondern auch für fünf Auszubildende – meist junge Frauen –, die jedes Jahr zu ihm kommen und viel zu lernen haben.

„... Man muss ihnen beibringen, hinzuschauen. Sie sollen verstehen lernen, was sie sehen und was dahintersteckt. Wenn eine Stute manchmal nicht gut drauf ist, kann dies das erste Zeichen für eine Kolik sein, und darauf muss man reagieren. Mit der Zeit kann man die Stuten lesen, aber viele junge Menschen haben nicht mehr die Geduld dazu. Sie lernen zwar viel im Unterricht, doch es ist wesentlich wichtiger, das dann auch am Pferd umsetzen zu können. Beim täglichen Versorgen, Füttern, Anbinden und Putzen der Stuten, wenn man direkt in ihrer Nähe ist, sollte man ein Gespür für jede einzelne bekommen, sonst hat man den falschen Beruf gewählt. Auch das Ausmisten ist nicht nur einfach körperliche Arbeit, denn je nachdem, wie die Pferdeäpfel aussehen, kann man erkennen, ob die Stute ihr Futter richtig verdaut oder nicht. Verdaut ein Pferd nicht richtig, dann können Würmer oder auch schlechte Zähne ein Grund dafür sein — und dann muss man handeln. Es gibt im Umgang mit Pferden sehr viel zu lernen, mehr als man auf den ersten Blick vermuten würde.

Ruhe, Geduld, Ausgeglichenheit und Autorität werden von den Lehrlingen erwartet, sonst werden sie von den Stuten ignoriert und an der Nase herumgeführt. Das ist manchmal ganz lustig, wie die älteren Damen sie austricksen ... "

Wenn morgens die Herden versorgt sind und die Fohlen ihr zusätzliches Futter bekommen haben, wenn kontrolliert wurde, dass es jeder Stute und jedem Fohlen gut geht, dann öffnen sich die großen Tore und die Herden galoppieren hinaus auf die weiten Koppeln des Haupt- und Landgestüt Marbachs. Die Warmblutherde wechselt, sobald das Gras dicht und saftig genug ist, auf die oberen Koppeln der „Alten Hütte". An diesem Tag wird die Stutenherde die große Allee hinaufgeführt, vorbei an Julmonds Grab. Oben angekommen, werden sie in die lange Koppel entlassen. Die Fohlen hüpfen wie Gummibälle durch die Gegend und messen ihre Kräfte in wilden Wettrennen. Klaus Niethammer lehnt derweil am Koppelzaun und schaut zufrieden auf seine Stuten, meist begleitet von seinen Kollegen Karin Kollmansberger und Peter Steeb, die ihm seit 18 und 22 Jahren zur Seite stehen. Die Drei schauen sich an und strahlen über das ganze Gesicht: Ja, ihren Stuten geht es gut, da sind sie sich einig.

„... Wir wollen immer etwa 30 Zuchtstuten in der Warmblutherde haben. Bei ihrer Auswahl zählt die sportliche Leistung ihrer Väter und es werden andere Maßstäbe angelegt, wie bei den Vollblütern. Es gibt Persönlichkeiten, die man nie vergisst, so wie die Stute Joschka von Jugol, einem der letzten Julmond-Söhne. Sie ist jetzt 29 Jahre alt und „betreut" die abgesetzten Stutfohlen auf dem Fohlenhof als Gouvernante ..."

Die arabische Herde besteht aus 20 bis 25 Stuten mit ungefähr 15 Fohlen pro Jahr. Da die Araber eher Spätentwickler sind, gibt man ihnen etwas mehr Zeit in der Aufzucht und reitet sie erst im Alter von vier Jahren ein. Sowohl bei den Hengsten als auch bei den Stuten steht dann die Leistungsprüfung an, und nach deren Ergebnis wird entschieden, welche Stuten in die Zuchtstutenherde eingegliedert und welche verkauft werden. „... Dabei muss man auch darauf achten, dass man bestimmte Stammlinien erhält und die Generationen weiterentwickelt. Das ist bei den Arabern ganz anders als bei den Warmblütern, denn dort geht es eher um die Vererbung der sportlichen Eignung und der Talente ...", sagt Klaus Niethammer. „... Die Entscheidung, wer bleibt und wer geht, ist oft schwer ..."

Jedes Jahr zur Zeit der Hengstparaden verwandelt sich Klaus Niethammer in einen feschen Ungarn mit besticktem weißen Leinenhemd und einem Hut mit bunten Bändern. Dann spannt er fünf seiner Araber-Schimmelstuten vor eine schnittige ungarische Kutsche und holt ein besonderes ungarisches Geschirr aus dem Gestütsmuseum, das besonders dekorativ wirkt. Es ist sehr fein geflochten und mit langen Schalanken (Lederstreifen) verziert. Der Fünferzug ist ein Markenzeichen der Marbacher Araberstuten: drei Schimmel gehen vorne und zwei dahinter.

„Dumjeh", was so viel heißt wie" kleines Spielzeug", geht schon seit 19 Jahren auf allen Veranstaltungen im Gespann mit. Sie ist mit 23 Jahren die Veteranin im Stall und hatte schon 15 Fohlen. Ihrem Alter gemäß ist sie ein Forellenschimmel – weiß mit kleinen Tupfen. Und sie ist, obwohl er dies nicht zugeben mag, auch der Liebling von Klaus Niethammer. Trotz ihres fortgeschrittenen Alters gibt sie bei den Auftritten noch richtig Gas. Es sieht so schön aus, wenn sich die langen weißen Mähnen der Pferde mit den dunklen Lederstreifen des Geschirrs verweben und mit der Bewegung der Pferdekörper auf und ab wippen.

Man trifft Klaus Niethammer am häufigsten in seiner grauen Arbeitskutte und mit einer Bürste in der Hand im großen Laufstall der Stutenherden an. Er ist ein bescheidener Mann, der lieber zuhört als redet, und den so mancher vielleicht unterschätzt, doch das macht ihm nichts aus. Seine Stuten lieben ihn und suchen immer wieder gerne den Kontakt zu ihm. Wenn Klaus Niethammer im offenen Tor steht und seine Stuten ruft, dann folgen sie ihm voller Vertrauen in den Stall.

Klaus Niethammer mit den Stuten (von links nach rechts):

NAGA	v. Serenity Habib a. d. Nasseb v. Gharib.
SAABIRAH	v. Pamir a. d. Sarina v. Nami.
MEMDUHA	v. Naheed a. d. Messaouda v. Gharib.
SESAL	v. Penthagonn a. d. Sandara v. Gharib.
NASSEEMA	v. Motassem a. d. Nasseb v. Gharib.

IM PORTRÄT

Klaus Niethammer

Regelmäßige Springgymnastik gehört in Marbach zur Grundausbildung der jungen Pferde: Hauptsattelmeister Rolf Eberhardt mit Wallach Legamento.

Bild unten: Gestüterin Elisabeth Wiltafsky mit dem temperamentvollen Schwarzwälder Kaltbluthengst Wildhüter.

AUSBILDUNGSZEIT

Aus Fohlen werden Pferde

Das Leben auf einem Gestüt ist nicht nur bestimmt von den Highlights wie den Gestütsauktionen oder den Hengstparaden. Die Gestüter verbringen den größten Teil ihrer Zeit damit, für die Pferde zu sorgen, für die Fohlen, die Stuten, die Hengste und die Herden. Das zentrale Thema ist die sorgsame Aufzucht und die Erziehung und Ausbildung, damit die Pferde verstehen lernen, was die Menschen von ihnen möchten.

Wenn die jungen, noch „rohen" Pferde von der Freiheit ihrer Hengst- oder Stutenkoppel sich nach 3 Jahren der grenzenlosen Freiheit auf der Weide in einer Box wiederfinden, dann ist ihre Kindheit vorbei und sie müssen „in die Schule gehen". Sehnsuchtsvoll wiehern sie in den ersten Tagen nach ihren Freunden, von denen einige schon gegangen sind, zurück zu ihren privaten Besitzern, andere beantworten in den umliegenden Boxen ihr Rufen. Sie blicken hinauf zu den hohen Fenstern und sehen den Wolken nach, die frei dahinziehen. Je nach ihrem individuellen Charakter und der Sympathie zu ihrem „Lehrer" fällt es ihnen mehr oder weniger leicht, sich in die Situation zu fügen und Spaß an der Zusammenarbeit mit ihrem Ausbilder zu finden. Sie müssen ihre Aufmerksamkeit und ihre Fähigkeiten jetzt auf einen neuen Abschnitt in ihrem Leben fokussieren. Der beginnt damit, dass sie sich erst einmal an einen Sattel zu gewöhnen haben.

Das geschieht in der Sicherheit der Gruppe zusammen mit den Altersgenossen, mit denen sie in den letzten Jahren aufgewachsen sind. Gemeinsam werden sie in der Halle mit aller Ruhe und Vorsicht gesattelt und getrenst und dürfen sich danach erst einmal alle völlig frei mit dem ungewohnt fremden Lederteil auf dem Rücken und dem seltsamen Metallding im Maul bewegen. Zuerst laufen alle unsicher im wilden Galopp los und versuchen instinktiv, diesen beengenden Dingen und dieser ganzen Situation durch Flucht zu entkommen. Doch nach einiger Zeit legt sich die Aufregung und die jungen Pferde stellen fest, dass von Sattel und Trense keine Gefahren ausgehen und wenden sich wieder neu-

gierig und vertrauensvoll den Menschen zu. Schritt für Schritt kann dann die weitere Ausbildung erfolgen, immer in der vertrauten Gruppe, die den jungen Stuten und Hengsten die Unsicherheit nehmen und ein Gefühl von Geborgenheit vermitteln soll. Denn Stress und Angst sind keine guten Lehrer, und die ersten Erfahrungen in ihrer Ausbildung sind gerade für die sensiblen Pferde maßgeblich für ihre Zukunft als Partner des Menschen.

Feinfühligkeit, einen guten Instinkt, Intuition und die Fähigkeit, die Pferde lesen zu können, das sind die Qualitäten, die alle Bereiter und Ausbilder von jungen Pferden mitbringen sollten, und die sie genauso einsetzen müssen, wie ihre reiterlichen Fähigkeiten. Ist es nicht eine wundervolle Herausforderung und natürlich auch eine große Verantwortung, ein junges Pferdeleben so maßgeblich beeinflussen zu können? Die Freude an dieser Herausforderung, mit einem jungen Pferd, jedes Jahr aufs Neue einen guten Anfang zu machen, ist den meisten Gestütern auch nach Jahrzenten nicht verlorengegangen. Sie begleiten die jungen Pferde auf ihrem Weg zur und durch die Leistungsprüfungen.

Denn nicht nur die Hengstanwärter müssen ihre Rittigkeit, ihre Leistungsbereitschaft und ihre Charakterfestigkeit beweisen, sondern auch die jungen Stuten müssen eine Leistungsprüfung ablegen. Das Ergebnis entscheidet für viele über den weiteren Lebensweg: Wenn sie glänzen, sich gut präsentieren und platzieren, dann steht ihnen die Zukunft eines Beschälers oder einer Zuchtstute offen. Besonders für großen Sport veranlagte Pferde werden ihren Talenten entsprechend gefördert und im Turniersport auf Landes- und Bundesebene vorgestellt. Die anderen, die im Mittelfeld liegen, die noch zu jung oder zu schüchtern sind, denen die Anlagen für den großen Wurf fehlen, gehen in die Reitpferdeauktion und finden dort als vertrauensvolle Partner im Freizeitsport eine gute Zukunft.

Nur die besten Pferde werden gekört und für die Zucht eingesetzt und sichern somit auch die Zukunft des Gestüts. Zur Zeit stehen aus der Marbacher Zucht 36 Warmbluthengste, 2 Altwürttemberger Hengste, 7 arabische Vollblüter und 28 Schwarzwälder Kaltbluthengste für den Deckeinsatz in Baden-Württemberg zur Verfügung.

Bei der Ausbildung zum Pferdewirt gehört das Misten, Pferdeputzen und Heu einstreuen zur täglichen Arbeit. Anlässlich der Hengstparade darf es dann eleganter zugehen und jeder Azubi ist stolz, einmal die Galauniform des Gestütes getragen zu haben.

Bilder rechts: In der Schmiede wirkt Michael Krehl und passt allen Pferden – vom Araber bis zum Kaltblüter – alle sechs Wochen neue Hufeisen an. Wer Pferdewirt werden möchte, der muss sich auch in diesem Bereich auskennen und lernt letztendlich am besten in der Praxis von einem Meister des Fachs.

DAS GESTÜT ALS AUSBILDUNGSBETRIEB

Pferdewirte und Pferdewirtschaftsmeister, Schmied, Sattler und landwirtschaftliche Lehre

Im Haupt- und Landgestüt Marbach erhalten nicht nur die Pferde eine fundierte Ausbildung: Jedes Jahr beginnen auch etliche junge Menschen ihre Lehre als Pferdewirt und entscheiden sich dazu, ihre Zukunft mit den Pferden zu verbringen. Die Auszubildenden bekommen eine breit gefächerte Palette an Erfahrungen vermittelt, die sie später in jeder Berufssparte der Pferdebranche gut einsetzen können. Es gibt sehr viel zu lernen, und die Lehrzeit von heute gleicht kaum noch den Richtlinien, die noch vor 20 Jahren gegolten haben. Zwar hat sich die praktische Arbeit mit den Pferden, den Stuten, Fohlen und Hengsten, über die Jahre hinweg nicht sehr verändert, doch hinzugekommen sind viele neue Erkenntnisse im Bereich der Fütterung, Haltung und in der Kommunikation mit den Pferden. Besonders die künstliche Besamung ist ein wichtiger Bereich, der heute nicht mehr aus dem Zuchtgeschehen wegzudenken ist.

Der Dienst im Gestüt ist anspruchsvoll, das merken die Azubis bald. Es gehört schon eine große Portion Optimismus und Willenskraft dazu, sich durchzubeißen. Oft gibt es Veranstaltungen an Wochenenden und Messeauftritte, bei denen die Mitarbeit der Lehrlinge gefragt ist. In der Abfohlzeit sind viele Nachtdienste zu leisten und der gesamte Pferdebestand beansprucht eine 7-Tage-Woche. Alle Azubis rotieren einmal durch die wichtigsten Stationen des Gestüts und der Vorwerke und bekommen so Einblicke in alle Arbeitsbereiche. Der Besuch der Beruflichen Schule in Münsingen ist Pflicht, und nach drei Jahren kann man den Abschluss zum Pferdewirt in den jeweiligen Fachrichtungen „Pferdehaltung und Service“, „Pferdezucht“ und „Klassische Reitausbildung“ machen. Mit seinen derzeit 40 Azubis ist das Marbacher Gestüt der größte Ausbildungsbetrieb der Pferdebranche in Baden-Württemberg, sogar in ganz Deutschland. Marbach kann stolz sein auf seine erfolgreichen Absolventen, die oft auch in Warendorf als Beste bundesweit ausgezeichnet werden. Unter den Lehrlingen sind viele junge Frauen, die sich die „Männerdomäne Gestüt“ erobert haben. Mit ihrer oft sanfteren und sensiblen Art, Pferde zu behandeln – weniger mit Kraft, mehr mit Gefühl – bringen sie neue Perspektiven und Ansätze in den Gestütsbetrieb.

Einer der ältesten Berufe der Welt

Dort, wo der Qualm aus den Türritzen quillt, brennt es nicht etwa, sondern dort werden die Eisen für den Beschlag der Pferde geschmiedet. Michael Krehl sieht genauso aus, wie man sich einen Schmied vorstellt: Kräftig, leicht untersetzt, mit muskulösen Armen und einem breiten Lachen. Wenn er an der Esse steht und die Eisen im Feuer glühen, dann blitzen seine Augen. Man sieht, wie viel Spaß ihm sein Beruf macht. Er hämmert die hellrot leuchtenden, eisernen Rohlinge auf dem Amboss zurecht und geht dann in den Beschlagraum, wo schon der stämmige Schwarzwälder Fuchshengst „Maximus“ auf seine neuen

Sattlermeisterin des Gestütes ist Nadja Dreher, die in ihrer kleinen Werkstatt das Lederzeug repariert oder neue Teile herstellt. Überall hängen Lederstrippen oder ganze Lederhäute an der Wand. Eine feste gerade Naht an einem Sattel nachzuarbeiten, das ist nicht einfach und erfordert Kraft in den Fingerspitzen.

Schuhe wartet. Zuvor hat Michael Krehl dessen Hufe sorgfältig ausgeschnitten und geprüft, damit kein Abszess oder rote Stellen in der hellen Hufwand übersehen wurden. Der Schmied ist ein wichtiger Partner der Reiter, denn nur, wenn das Pferd gut beschlagen ist, kann es sich locker und schwungvoll bewegen. Nur dann darf der Reiter gute sportliche Leistungen von ihm verlangen.

Eine zierliche blonde Frau hält den großen Huf des Kaltblüters auf und schaut dem Schmied genau zu. Hier kann sie lernen, wie verschieden die Beschaffenheit der Hufwand bei vielen Rassen ist, und was es für Korrekturbeschläge gibt. Michael Krehl ist ein guter Lehrer und muss auch eine Art Hufdoktor sein. Auf die Frage, ob er auch Frauen als Lehrlinge in dem Beruf ausbildet, meint er, dass er das schon des Öfteren gemacht hat. Doch auf Dauer ist die starke körperliche Beanspruchung sehr verschleißend – für Frauen und Männer gleichermaßen. Dabei deutet er an, dass auch seine Knie schon etwas in Mitleidenschaft gezogen sind. Doch er würde um nichts in der Welt seinen Beruf aufgeben, auch wenn die eigenen Pferde bei der vielen Arbeit oft zu kurz kommen.

Die Arbeit im stillen Kämmerlein

Ein anderer sehr wichtiger Handwerker im Gestüt ist der Sattler, eine klassische Männerdomäne. Auch hier bricht Marbach mit der Tradition, denn seit vielen Jahren arbeitet hier eine Frau als Sattelmeisterin.

In der gemütlichen Werkstatt von Nadja Dreher, die etwas versteckt hinter der Schmiede und der Schreinerei im Werkshof liegt, wird kunstvoll Nadel und Faden durch das Leder geführt.

Sie schneidet neue Fahrleinen zu, repariert die Gurtstrippen an den Sätteln und gestaltet auch neu lederne Schutzdecken für die „Dummys" der Besamungsstation. Sattelmeisterin Dreher kennt alle Lederarten und weiß genau, welches Material sich am besten für welchen Verwendungszweck eignet. Alle Reiter und Fahrer kommen gerne mit ihrem kaputten Lederzeug zu ihr, denn sie findet immer eine Lösung.

Der Wechsel vom Pferdefuhrwerk zum Traktor!

Ein weiterer wichtiger und tragender Bereich des Gestüts ist die Landwirtschaft, denn zum Haupt- und Landgestüt Marbach und seinen Vorwerken gehören fast 1000 Hektar Land. Wie überall in Deutschland, wurde auch in Marbach die Feldarbeit bis nach dem zweiten Weltkrieg mit Pferdestärken betrieben. Dazu spannte man auch die Deckhengste und die Zuchtstuten vor den Pflug oder den Heuwagen. Bei schweren Lasten und ansteigenden Straßen zogen sechs Hengste den Wagen, „gefahren" wurde vom Sattel aus. Diese Fahrweise nennt man auch Artillerieanspannung. Dagegen wurden die Stuten eher vor leichteren Gefährten eingesetzt, oft mit ihren Fohlen bei Fuß, auch sie mussten zum Beispiel beim Heuwenden ihre Arbeitskraft beweisen. Inzwischen haben Traktoren die landwirtschaftliche Arbeit der Pferde übernommen, und viele Arbeitsstellen sind aufgrund von Rationalisierungsmaßnahmen weggefallen.

Deckhengste im Ernteeinsatz in den fünfziger Jahren und das Einlagern der Heuballen in die Lagerräume über den Stallungen.

Doch immer noch deckt das Gestüt – damals wie heute – seinen Bedarf an Heu und Stroh und auch einen guten Teil des Hafers aus eigenem Anbau. Auf der landwirtschaftlichen Nutzfläche von ca. 850 Hektar werden Getreide und Raps angebaut, der größte Anteil sind jedoch Weiden und Mähwiesen. Dadurch, dass auf der Schwäbischen Alb die Krume über dem karstigen Gestein sehr dünn ist, geben die Felder wenig Ertrag. Außerdem treten beim Pflügen der Äcker immer wieder Steinbrocken zu Tage. Die Mechanisierung stellt jedoch eine große Arbeitserleichterung dar und moderne Düngemethoden tragen zur Ertragssteigerung bei. Auch der ökologische Blickpunkt spielt inzwischen im „Biosphärenreservat Schwäbische Alb" eine große Rolle. Ackerränder und Bäche erfahren seit einigen Jahren sorgfältige Pflege, damit die Wildtiere und besonders Vögel wieder mehr Lebensraum bekommen. Man geht in allem bewusster mit der Natur um, viele Flächen werden zum Erhalt der typischen Fauna und Flora extensiv bewirtschaftet.

Im Verhältnis zu früher sind nur wenige „Bauern" auf und für das Gestüt in Lohn und Brot. Doch Marbach bildet ebenfalls in diesem Sektor Lehrlinge aus. Nur bei der Heuernte und der Einlagerung der Ballen über den Hengst- und Stutenställen und in den Scheunen müssen alle Gestüter mit zupacken und die Azubis lernen, dass auch diese schweißtreibenden Tätigkeiten zur Pferdehaltung gehören.

Mönch

Die LANDESREITSCHULE *und* FAHRSCHULE *in Marbach*

Wer mit Pferden reiten oder fahren möchte, der sollte über grundlegendes Pferdewissen verfügen und bei Fachleuten in die Schule gehen. Wie Pferde denken, wie sie reagieren und wie sie am besten mit den Menschen zusammenarbeiten, das kann man auf dem Haupt- und Landgestüt Marbach lernen. Es bildet nicht nur seine eigenen Lehrlinge hervorragend aus, sondern auch Hunderte von auswärtigen Schülern, die sich für die Kurse an der renommiertesten Lehranstalt des Landes Baden-Württemberg anmelden. Die routinierten Gestüter haben inzwischen jahrzehntelange Erfahrung darin, ihr Wissen effektiv und einprägsam weiterzugeben. Egal ob ein Reitschüler die Zügel aufnimmt oder ein Fahrschüler die Leinen, alle müssen zunächst beweisen, dass sie „Pferd verstehen" können.

Die heutigen Pferde schauen etwas irritiert auf den Brunnen und das angebotene Wasser. Sie kennen es nicht mehr, so getränkt zu werden, denn jedes Pferd hat eine Selbsttränke in seiner Box. Doch für die Reitschüler selbst schafft der Brunnen immer wieder eine schöne Abkühlung nach einem Ausritt.

DIE LANDES-REITSCHULE

Harmonie von Pferd und Reiter

Schon früh morgens um 7 Uhr herrscht große Betriebsamkeit in den Stallungen der Landesreitschule. Die Lehrgangsschüler, die nicht nur aus Baden-Württemberg, sondern aus allen Teilen Deutschlands kommen, unterstützen die Auszubildenden des Gestüts beim täglichen Misten und Versorgen der Pferde. Erst danach stärken sich alle bei einem kräftigen Frühstück. Dann werden die Pferde aufgetrenst und gesattelt, und es geht in die große Reithalle zum ersten Unterricht, wo schon Rolf Eberhardt, der Leiter der Landesreitschule, wartet. Im Laufe der vielen Jahre hat der Hauptsattelmeister ein gutes Gespür für seine Schüler entwickelt. Nach einem kurzen Vorgespräch findet er fast immer das perfekt passende Pferd für den jeweiligen Menschen. Schnell zeigt sich, wer mit welchem der 20 sehr gut ausgebildeten Lehrpferde am besten harmoniert und ein gutes Team bildet. Dies mag nicht immer das für den Reiter einfachste Lehrpferd sein, aber auf jeden Fall eines, von dem der Reitschüler oder die Schülerin im Laufe des Lehrgangs am meisten lernen kann. Doch wenn es einmal gar nicht klappen sollte mit der Harmonie und dem Verständnis von Pferd und Mensch, kann jederzeit getauscht werden.

Dem praktischen Teil schließt sich der Theorieunterricht in den Seminarräumen der Reithalle an, wo die Erfahrungen und Erkenntnisse der Reiteinheit vertieft werden. In diesem Gebäudekomplex der Landesreitschule am Dolderbach ist seit 1996 auch der Sitz des Pferdezuchtverbandes Baden-Württemberg untergebracht.

Tobias Eckert mit Lehrpferd „Alwin" beim Geländetraining.

Schon seit mehr als acht Jahrzehnten werden in der Marbacher Landesreitschule jährlich über 900 Schüler und Prüflinge unter fachlich kompetenter Anleitung im Springen, in der Dressurarbeit und im Geländereiten unterrichtet. Ursprünglich wurde die Reitschule wie auch die Fahrschule im Jahr 1929 zur Ausbildung der bäuerlichen Jugend im Umgang mit den Arbeitspferden auf den Höfen gegründet. Doch ebenso wie sich die Pferdezucht und die Bestimmung der Pferde mit der Zeit geändert haben, änderte sich auch der Inhalt der Ausbildung. Ihr Schwerpunkt hat sich mehr und mehr in Richtung Turniersport verlagert.

Pferdebegeisterten Menschen jeden Alters werden an die 40 Lehrgänge und Kurse im Jahr angeboten. Es gibt die Möglichkeit, sich von den Reitanfängen über den Erwerb verschiedener Reitabzeichen bis hin zur Erlangung von Trainerlizenzen mit den Pferden fortzubilden. Daneben hat die Landesreitschule auch die wichtige Funktion einer Talentschmiede. Es kommen jedes Jahr junge Reiter unter 16 Jahren aus den verschiedenen Reitvereinen und Verbänden des Landes Baden-Württemberg zu Kursen und zur Talentsichtungen nach Marbach. Dabei werden immer wieder besonders Begabte entdeckt, die so die Chance auf eine erfolgreiche Karriere im Leistungssport bekommen. Im Anschluss an die letzte Unterrichtseinheit versorgen die Teilnehmer ihre Pferde. Nach der Abendfütterung im Lehrstall begeben sich dann alle in das 2010 erbaute moderne Gästehaus. Dort kann man sich beim Abendessen über die Erfahrungen des Tages austauschen und gemeinsam für die theoretischen Prüfungen lernen. Die Stimmung ist immer sehr nett und kollegial, und nicht selten ergeben sich Freundschaften, die ein ganzes Leben halten. Viele der Reitschüler und Prüflinge kommen mehr als einmal nach Marbach. Man verabredet sich, bucht gemeinsam den nächsten Kurs und freut sich schon auf das nächste Mal. Oft wird diese Begeisterung auch an die nächste Generation weitergegeben, dann erobert der eigene Nachwuchs in der Marbacher Landesreitschule ebenfalls den Rücken der

Die Landesreitschule in Marbach ist eine wichtige Ausbildungsstätte für das Land Baden-Württemberg und wurde bereits 1929 gegründet. Es kommen jährlich hunderte von Schülern zu den Kursen, die von der Erfahrung der Ausbilder lernen und sich auf Marbacher Pferden fortbilden.

Pferde. Wenn nach dem Kursende dann wieder etwas Ruhe in den großen Schulstall einzieht, dürfen die Lehrpferde ihre freie Zeit auf den anschließenden Weiden genießen und sich erholen.

TEAM DER LANDESREITSCHULE:
Leiter Rolf Eberhardt,
Stellvertretende Leiterin Andrea Schmitz
und die Auszubildenden des Gestüts

IM PORTRÄT

Rolf Eberhardt

Leiter der Landesreitschule

Wenn man Rolf Eberhardt auf dem Hengst „Hochfein" sieht, wie er gemeinsam mit ein paar Reitern über die idyllischen Wege rund um Marbach galoppiert, dann sieht man einen Menschen, der vor Glück über das ganze Gesicht strahlt. Dieser Mann scheint rundum zufrieden und voller Gelassenheit. Fast könnte man ihn für einen Freizeitreiter halten, wären da nicht das Marbacher Emblem auf seiner Reitkappe und der Aufdruck auf der Weste. Hauptsattelmeister Rolf Eberhardt ist der Leiter der Landesreitschule, ein Mann mit großer Verantwortung und viel Erfahrung. Sein Hengst „Hochfein", der ihm besonders am Herzen liegt, ist ein erstklassiges Dressurpferd in Ausbildung auf dem Weg zur S-Dressur. „... Trotzdem darf er sich mal die Beine im Gelände vertreten, der soll doch auch seinen Spaß haben. Außerdem muss er fit sein, wenn wir die nächste Schleppe für die Fuchsjagd legen ...", meint er verschmitzt. „... Der „Hochfein", das ist ein Allroundtalent, dem vertraue ich ..." Der Rapphengst mit dem ausdrucksstarken Kopf und den herrlichen Bewegungen ist ein „Caprimond"-Nachfahre, ein Hannoveraner aus der „Feinen Fee", und wurde 2004 geboren. Die meiste Zeit verbringt der große schlanke Mann aber nicht draußen, sondern in der Reithalle oder auf dem Reitplatz und versucht sowohl Anfänger als auch Fortgeschrittene zu besseren Reitern zu machen. Er bemüht sich obendrein, seinen Schülerinnen und Schülern ein Verständnis für die Psyche des Pferdes zu vermitteln, damit sie sich als Reiter nicht nur als ein Paket auf dem Rücken des Pferdes empfinden, sondern dass eine Verbindung zwischen ihnen und dem Pferd entstehen kann. Dabei bleibt der eher zurückhaltende Mann immer höflich und nimmt trotzdem kein Blatt vor den Mund. „... Das ist mein Vorteil als beamteter Staatsdiener auf Lebenszeit ...", meint er schelmisch, „... da muss ich nicht katzbuckeln, sondern kann geradeaus sagen, was ich denke. Ich habe eine andere Position als ein Reitlehrer in einem Schulstall und kann auch mehr erreichen ..." Vielen seiner Schüler gefällt genau diese Ehrlichkeit, und sie kommen immer wieder, auch wenn sie sich nach dem Unterricht ziemlich zerschlagen fühlen und ihnen noch nach Tagen die Muskeln schmerzen.

Rolf Eberhardt verlangt viel von seinen Reitschülern, er besteht auf Disziplin, Konsequenz und die Bereitschaft, sich kritisieren zu lassen. „... Reiten ist fortwährende Arbeit an sich selbst und mit dem Pferd. Wenn man beispielsweise das Pferd gewechselt hat, muss man oft wieder von vorne anfangen. Aber heute ist meist die Geduld nicht mehr da. Die Leute wollen einmal die Woche reiten, und dann soll es funktionieren – und das geht eben nicht. Wenn man Reiten lernen will, muss man das auch zwei-, dreimal in der Woche machen und dann klappt das. Aber dafür haben die Meisten gar keine Zeit mehr – leider. Das sehe ich selbst schon bei meiner Tochter in der Schule. Der Leistungsdruck ist so stark, dass sie fürs Reiten überhaupt keine Luft mehr hat, und das ist sehr schade ..."

Aus diesen Worten lassen sich viel Erfahrung, aber auch ein wenig Frustration heraushören. „... Heutzutage gibt es dafür immer mehr Späteinsteiger, die ihre Liebe zum Pferd entdecken. Manche können ihre Angst nicht überwinden und bleiben ängstliche Reiter, andere entdecken praktisch ihre zweite Jugend. Na ja, früher waren die Leute sportlicher, auch die Jugendlichen. Sie hatten allgemein mehr Ahnung von Pferden und eine große Portion mehr Instinkt. Heute sind viele Menschen sehr „kopfgesteuert", und das geht dann in Kombination mit den Pferden meist gar nicht gut ..." Er lacht: „... Gott sei Dank bin ich mit Herz und Seele Reitlehrer. Es macht mir tatsächlich nach 25 Dienstjahren immer noch sehr viel Spaß. Ich freue mich über die kleinen Entwicklungsschritte eines jeden Schülers – zusammen mit ihm. Ich glaube, ich kann sehr gut mit Menschen umgehen, unterrichte gerne und lerne selbst bei jedem Kurs etwas dazu. Wenn ich dann aber abends alleine im Stall bin und nicht mehr reden muss, mich nur stillschweigend mit meinen Pferden beschäftige, dann bin ich echt froh, dass so ein Kurstag vorbei ist ..."

„... Doch wir sind ja nicht nur einfach eine Reitschule, sondern ein Teil von einem großen Ganzen, vom Haupt- und Landgestüt Marbach. Da kommen viele Aufgaben auf den Leiter der Landesreitschule zu, viele Kurse, viele Aktivitäten bei der Präsentation des Gestütes. Zum Beispiel flog ich zusammen mit „Hochfein" nach Calgary, um die deutsche Pferdezucht zu repräsentieren. Außerdem gilt es jedes Jahr die Hengstparaden vorzubereiten und zu organisieren. Man muss sich immer wieder etwas Neues einfallen lassen, und das ist eine besondere Herausforderung. Weder Pferde noch Menschen wollen sich langweilen, es muss immer neue Ziele und Visionen geben. Gerade bei der Ausbildung junger Pferde lernt man das. Unsere Pferde werden immer sensibler und rittiger – was man leider von den Reitern nicht unbedingt sagen kann. Die Pferde sind auch intelligenter und lernen schneller, dafür sind ihre Nerven oft etwas empfindlicher. Insgesamt gesehen haben es unsere Pferde heute besser, sie genießen ihre Boxen – früher gab es nur Ständer für die Schulpferde. Außerdem haben sie ihren täglichen freien Auslauf, bei dem sie sich nach Herzenslust bewegen und wälzen oder sich die Sonne auf das Fell scheinen lassen können. Heute ist das Futter hochwertiger, es gibt nicht nur eine Schippe Hafer ... Ja, ich denke, es geht ihnen viel besser. Außerdem haben wir heutzutage auch eine andere Art der Kommunikation. Es wird nicht mehr gebrüllt oder mit der Peitsche herumgefuchtelt, wie es noch zu den Zeiten meiner ersten Reitstunden üblich war ..."

Zunächst hatte Rolf Eberhardt 1985 eine Lehre in Marbach angefangen, musste diese dann aber aus familiären Gründen abbrechen und im väterlichen Betrieb als Versicherungsvertreter einspringen. Doch lange hielt er es in diesem Beruf nicht aus. „... Damals habe ich den lukrativen Job als Versicherungsvertreter an den Nagel gehängt und mich wieder in Marbach beworben. Der damalige Gestütsleiter Dr. Crantz war überrascht: „Wie können Sie das machen? Sie verdienen doch einen Haufen Geld!" Aber ich habe geantwortet: „Geld ist nicht alles, Versicherungen verkaufen ist nicht meine Welt, ich bin dabei todunglücklich, ich will hier mit Pferden arbeiten. Als er mir eine Ausbildung anbot mit Schwerpunkt Reiten, war das die Erfüllung eines Traums. Und das ist es heute noch, mein Traumberuf. Als Versicherungsvertreter wäre ich sicher unglücklich geworden und hätte bestimmt schon meinen ersten Herzinfarkt hinter mir ..." Bei dieser Vorstellung muss er wieder schallend lachen.

Bevor er abends als Letzter das Licht im Stall der Landesreitschule ausmacht, geht er immer noch einmal zu seinem „Hochfein", öffnet die Schiebetür und kramt in seiner Jackentasche nach dem letzten Leckerli, das speziell für diesen Moment aufgehoben wurde. Der Hengst kennt das Ritual, steckt sein weiches Maul der Hand entgegen und nimmt es, ganz vorsichtig und nicht hastig. Bei einem Blick in diese wunderschönen Pferdeaugen kann man verstehen, warum Rolf Eberhardt dieses Pferd so sehr am Herzen liegt.

Die Perfektion liegt im Detail. Ganz besonders beim Fahren kommt es darauf an, dass alle Leinen richtig geführt werden und das Geschirr ordnungsgemäß angebracht ist. Eine herrliche Kutsche, wie dieser Landauer, mit wundervollen Pferden ergibt ein beeindruckendes Gesamtbild.

DIE LANDES-FAHRSCHULE

Fahren mit Gefühl und Verstand

Was für ein schöner Anblick, wenn ein Gespann mit vier prächtigen Württemberger Hengsten im Marbacher Galageschirr vorüberfährt. So glänzend herausgeputzt werden sie nur für ganz besondere Anlässe wie Staatsbesuche oder offizielle Auftritte, stets gefahren von Hauptsattelmeister Fred Probst. Als Leiter der Landesfahrschule ist er persönlich für alle Gespanne und Kutschen zuständig, die im Gestüt zum Einsatz kommen.

Bei seiner täglichen Arbeit dagegen sitzt Fred Probst meist mit Fahrschülern auf einem Trainingswagen und hat nur ein oder zwei Pferde vorgespannt. Über 250 Schüler kommen jährlich zur Landesfahrschule nach Marbach, um Fahrabzeichen zu machen oder andere Prüfungen abzulegen. Vom Anfänger bis zum Fortgeschrittenen, vom Amateur bis zum Trainer reicht das Kursangebot in Marbach. Es stehen 16 Schulpferde zur Verfügung und sechs verschiedene Kutschen, vor die meist zwei bis vier Pferde angespannt werden. Die Ausbildung erfolgt klassisch nach dem Fahrsystem Benno von Achenbachs, eingeführt 1899, das bis heute seine Gültigkeit nicht verloren hat. Da gibt es viel zu pauken, und man sieht auf dem Gestüt immer wieder Schüler jeglichen Alters auf der Treppe des Gästehauses sitzen und in ihrem Lehrbuch „Mein Fahrabzeichen" lesen.

Der Prototyp des alten Fahrlehrgerätes aus den 1930iger Jahren ist immer noch aktuell. Hier an den Leinen, die über den Holzbock führen und hinten mit Gewichten beschwert sind, sollen die zukünftigen Fahrer ihre Handhaltung üben und das Gefühl dafür bekommen, wie der Druck ihrer Hand auf das Pferdemaul wirkt. Wie es sich dann beim richtig sportlichen Fahren anfühlt, wenn man mit dem Marathonwagen gekonnt durch die Hindernisse manövriert, das erfahren die Schüler auch

70

Marbach

Die Geschirrkammer ist ein Kleinod der Fahrkultur. Man kann durch eine Glastür hineinschauen und all die historischen, glänzenden Geschirre an den getäfelten Holzwänden hängen sehen. Doch ist sie kein Museum, denn der Inhalt wird noch stetig benutzt und kommt bei festlichen Anlässen zum Einsatz.

hautnah, wenn Probst sie in den Hindernisparcours mitnimmt, müssen sie sich sportlich in die Kurve legen, um die Kutsche richtig zu Gewichten und ihren ganzen Körper als Ballast einsetzen. Auf der weitläufigen Anlage des Gestüts gibt es neben dem anspruchsvollen Geländeparcours für internationale Vielseitigkeitsturniere auch einen massiven Parcours für Fahrturniere. Fahren war viele Jahre lang aus der Mode gekommen, doch inzwischen gibt es wieder einen richtigen Aufschwung, besonders im Freizeitbereich. Viele sportliche Veranstaltungen und auch elegantes Traditionsfahren ziehen immer mehr Zuschauer an und machen Lust darauf, mal selbst die Leinen in die Hand zu nehmen.

Die Geschirrkammer

Für Fred Probst ist es immer wieder ein besonderer Moment, wenn er den Schlüssel in der Tür zur neuen Geschirrkammer umdreht und ihm der Geruch von Holz und Leder entgegenströmt. Dieser Raum ist ein Schmuckstück des Gestüts, in ihm sind Tradition und Geschichte gleichermaßen vereint.

Früher standen hier die Kutschen in der alten Remise, heute ist der Raum rundum mit hellem Holz kunstvoll vertäfelt. An den Wänden hängen auf maßgeschneiderten Auflagen blitzblank polierte historische Geschirre, die teilweise vergoldet sind. Eines davon, mit Kronen verziert, ist eine Leihgabe aus dem königlichen Hause Württembergs und darf nur benutzt werden, wenn der Herzog persönlich in der Kutsche sitzt. Diese Raritäten erfordern besonders sorgfältige Pflege. Nach über hundert Jahren fühlt sich das Leder immer noch sehr geschmeidig an und kann jederzeit in Gebrauch genommen werden. Fred Prost streicht liebevoll über die Kummets, bevor er sie herunternimmt und auf den Transportständer hängt. Er schiebt den Wagen mit den wertvollen Prunkgeschirren bergauf in die Stallungen, um sie den dort den wartenden Pferden anzulegen.

TEAM DER LANDESFAHRSCHULE:
Leiter Fred Probst
Stellvertretender Leiter René Mau
Mitarbeiter Alexandra Wolf, GHW Anton Karrer und Auszubildende

IM PORTRÄT

Fred Probst

Leiter der Landesfahrschule

Hauptsattelmeister Fred Probst ist ein Mann, den so schnell nichts aus der Ruhe bringen kann. Starke Nerven, die Gabe, in brenzligen Situationen ruhig zu bleiben und im entscheidenden Augenblick dann mit ganzer Kraft und vollem Durchsetzungsvermögen durchzustarten, das sind seine Qualitäten. Dies hört sich fast so an, als würde man über einen Krisenmanager sprechen. Doch erst als begnadeter und pflichtbewusster Pferdewirtschaftsmeister und Kutschfahrer ist man mit ganz anderen Herausforderungen konfrontiert, die jedoch dieselben Qualitäten erfordern.

Wenn Fred Probst die Leinen aufnimmt, ganz gleich ob bei einem Zweispänner oder einem Zehnerzug, dann gehen die Köpfe der Pferde hoch, ihre Ohren richten sich aufmerksam nach hinten, und eine erwartungsvolle Spannung, die durch alle angeschirrten Pferde hindurchgeht, wird förmlich greifbar.

„... Man muss sich von dem Gedanken verabschieden, dass die Pferde nur mit den Leinen zu dirigieren sind. Wer nicht die Verbindung zu jedem einzelnen Pferd mit seinem Herzen und den Gedanken aufnehmen kann, der wird niemals wissen, was Fahren wirklich bedeutet ...". Dies erklärt Fred Probst seinen Schülern immer wieder. „... Jedes Pferd hört auf seinen Namen. Es versteht schon durch die Art und Weise, wie er ausgesprochen wird, was gemeint ist:
Auffordernd – nun mach mal,
beruhigend – alles ist gut, keine Panik,
warnend – untersteh dich, Mist zu machen,
strafend – das reicht jetzt!
Es gibt so viele Varianten, doch die Aussage steckt einfach nur im Zurufen des Namens ..."

Wie das in der Praxis aussieht, kann man bei Fred Probst sehr gut beobachten, wenn er auf seinem Kutschbock sitzt, im stetigen Dialog mit seinen Pferden. Es ist faszinierend, mit welch wenigen und winzigen Zeichen, wie durch Stimme, ein kleines Verkürzen einer Leine oder nur die angedeutete Bewegung der langen Fahrpeitsche, die Pferde wissen, was sie zu tun haben. Manchmal könnte man glauben, es ist einfache Gedankenübertragung, doch Fred Probst meint dazu verschmitzt lachend: „... und viel Arbeit, Geduld und Zeit ..."

Was im Schritt und im Trab funktioniert, das muss natürlich auch im Galopp und auch bei den verzwickten Hindernissen im Gelände reibungslos ablaufen. Fahren ist wahrlich eine Kunst, und Fred Probst ist ein Meister seines Fachs. Er genießt jede Stunde auf dem Kutschbock – egal, ob es regnet oder schneit. Doch Probst vermag noch viel mehr, denn er hat die Fähigkeit, diese Kunst auch verständlich zu machen und sie weiter zu vermitteln.

Als Leiter der Landesfahrschule hat er schon Hunderte, wenn nicht gar Tausende Schüler unterrichtet und durch Prüfungen geführt. Manche begreifen sehr schnell und finden mühelos den „Draht" zu den Pferden, andere mühen sich sehr. Doch Fred Probst verliert weder bei den Pferden noch bei den Schülern jemals die Geduld. Dazu gehört natürlich auch eine große Portion Humor und Verständnis. Viele falsche Antworten seiner Schüler quittiert er oft mit einem breiten Lachen, statt mit Kritik, und seine Augen blitzen vor Freude, wenn mal wieder ein Groschen bei einem Einzelnen gefallen ist. In der Landesfahrschule Marbach steht für jeden, der sich für diese Disziplin interessiert, eine ganze Bandbreite an Lehrgängen zur Auswahl, bis hin zum anspruchsvollen Trainerschein. Alles unter der Regie von Fred Probst, der selbst Richter bei Fahrturnieren ist und alle Tricks und Schliche kennt.

Seit 1985 ist der Hauptsattelmeister auf dem Haupt- und Landgestüt Marbach „zuhause", und er meint das auch so, wenn er "zuhause" sagt. Zunächst durchlief er wie alle Anderen während seiner Lehre alle wichtigen Stationen im Gestüt, auch das Reitkommando.

Fred Probst mit seinen Fahrpferden "Diseur und Barde".

Doch schon bald stellte sich heraus, dass seine ganze Passion dem Fahren galt. Um erfolgreich sein zu können, braucht ein Fahrer sein eigenes Gespann, „seine" Pferde, auf die er sich vollkommen verlassen kann. Auch Fred Probst hat eine ganz besondere Verbindung zu den vier Württemberger Pferden, die als Absetzer vom Gestüt angekauft wurden und die er selbst ausgebildet hat: Seine Lieblinge „Barde", „Diseur", „Contralto" und „Graf Caribo" sind für ihn ein echtes Dreamteam. Er erzählt: „... Diese vier Wallache sind schon etwas Besonderes für mich, sie liegen mir sehr am Herzen. Besonders den 11-jährigen „Caribo" kenne ich in- und auswendig und weiß genau, wie er tickt, was er mag, wo seine Stärken liegen und was er ungern macht. Und das ist schon toll! Manchmal habe ich das Gefühl, er weiß ganz genau, wann es darauf ankommt und läuft dann perfekt – nur für mich. Wenn wir zusammen eine Dressur gewinnen oder bei einem Turnier vorne dabei sind, dann scheint er genauso stolz dazustehen und sich zu freuen, wie ich ..."

Erst als er ganz sicher war, dass er mit diesem Gespann dem Gestüt Ehre machen würde, kam er dem Wunsch der Chefin nach, mit ihm auch Turniere zu fahren. Inzwischen ist er sehr erfolgreich mit dem Zweispänner und guten Ersatzpferden unterwegs und hat auch schon an den Deutschen Meisterschaften teilgenommen. Doch das Training und die Vorbereitungen für die Turniere kosten sehr viel Zeit, und damit sind dann die spärlichen Wochenenden, die er nicht auf dem Gestüt Dienst hat, schon verplant. Es gehört schon viel Liebe und Leidenschaft dazu, dass man diese Aufgabe auch noch erfüllt und – wie so oft bei den Gestütern – eine Frau und eine Familie, die das versteht.

Fred Prost ist kein besonders redseliger Mensch, außer wenn es um die Pferde und das Fahren geht. Wenn es ihm wichtig ist und er seinen Schülern in den Lehrgängen etwas vermitteln möchte, dann findet er immer die richtigen Worte, knapp und präzise, dabei immer höflich und bestimmt. Manchmal wird er dann doch emotional, wenn zum Beispiel etwas gar nicht klappen will, und dann hilft das auch.

Was immer wieder hervorblitzt, wenn man mit ihm arbeitet, sind seine Warmherzigkeit und seine Hilfsbereitschaft. Ohne dieses große Reservoir an Toleranz und Liebenswürdigkeit würde er niemals die Zuneigung der Pferde erringen und ihre Bereitschaft mit und für ihn zu arbeiten. Die Pferde erkennen die inneren Qualitäten eines Menschen sofort und zeigen umgehend, wie man bei ihnen ankommt.

Bei den Hengstparaden kommen fast alle verfügbaren Kutschen Marbachs zum Einsatz. Alle Leinen für die Schwarzwälder und für die Warmblüter werden morgens ausgelegt, um sie eingehend zu kontrollieren. Da muss Fred Probst seine Augen überall haben. Nur um die ungarische 5-er-Anspannung für die Araber, um die kümmert sich der Stutenmeister Klaus Niethammer selbst. Fred Probst hat eine große Verantwortung und freut sich, wenn die Hengstparade vorüber ist und alles gut geklappt hat.

Und doch hält gerade das Showfahren viele schöne Momente bereit: „... Wenn eine Nummer richtig gut funktioniert hat, beispielsweise lief der Achterzug echt gut, ich habe nicht viel in der Hand gehabt, wir konnten problemlos galoppieren und alle sind schön gleichmäßig gelaufen, da bin ich wirklich zufrieden! Wenn das noch übertroffen wird und noch zwei andere Achtspänner in der Arena zirkulieren, wie die vom tschechischen Staatsgestüt Kladruby, dann ist das schon eine grenzwertige Herausforderung! Hochachtung an die Tschechen! Bei so einer Aktion braucht man wirklich gut gefahrene Pferde, zu denen der Fahrer Vertrauen hat, und die ihrerseits Vertrauen zum Fahrer haben, und ein gutes Augenmaß, um zu dritt aneinander vorbeizukommen. Oder auch im Vorjahr, die Zweispänner-Quadrille, die ich mit 16 Gespannen und Fahrern zusammengestellt hatte und die perfekt funktionierte, das war ein großer Erfolg. Es ist schön, wenn man dann später erfährt, dass diese für viele Zuschauer das Highlight der Hengstparade war ..."

Nach all der Hektik und Aufregung ist Fred Probst dann heilfroh, wenn wieder der Alltag einkehrt: „... Am liebsten ist mir dann ein Zweispänner mit gemütlichen Pferden und einem Beifahrer, der nicht so viel „schwätzt", da kann ich am besten entspannen. Das rhythmische Klapp-klapp der Pferdehufe, die Leinen, die leicht in meiner Hand liegen, die Bewegung der Pferdehintern vor mir, das Schnauben der Pferde – so kann ich irgendwo durch den Wald fahren, wo weit und breit nichts los ist und brauche an nichts zu denken. Die Landschaft hier auf der Alb ist wunderschön. Und da gibt es schon gewisse Wege, die ich besonders gerne fahre. Jedes Mal, wenn ich durch die Allee vom Julmond Grab hinunter zum Gestütshof fahre, habe ich das Gefühl, nach Hause zu kommen ..."

So gemütlich das auch klingt, es ist nur eine Seite des Fahrers Fred Probst. Die andere Seite lernt man kennen, wenn er dann in vollem Galopp durch ein Wasserhindernis prescht und knapp an den Fotografen und Besuchern vorbeikommt. Dabei freut er sich diebisch und seine Augen glitzern schelmisch, denn so nebenbei kann er dann ein paar allzu Neugierige einmal so richtig nass spritzen. Man sieht, wie ihm das Spaß macht und er dafür seine Pferde so anfeuert – ein Vollblutfahrer eben!

Schon mit drei Jahren haben einige der Mädchen das Voltigieren angefangen. Es gehören viel Körperbeherrschung und Balancegefühl zu diesem Sport. Christiane Niethammer hat vor vielen Jahren die Gruppe gegründet, die heute bundesweit erfolgreich in Wettkämpfen punktet.

TANZ AUF DEM PFERD

Marbachs Voltigierer

Das Haupt- und Landgestüt Marbach hat nicht nur erfolgreiche Reiter und Fahrer unter seinen Gestütern und Auszubildenden, sondern es kann auch auf seine sehr erfolgreiche Voltigiertruppe stolz sein. Im Jahr 2010 gewann sie den C-Team-Cup, einen bundesweiten Vergleichswettkampf, bei dem sich die Voltigiergruppen der Leistungsklasse L als Vorbereitung für den großen Sport messen, und mit ihrem neuen Pferd „Teddy" sind sie erfolgreich in der Leistungsklasse M unterwegs ist. Doch hinter all diesen Erfolgen muss immer ein Mensch stehen, der sich mit seiner ganzen Energie für das Team und den Sport einsetzt. In Marbach ist das Christiane Niethammer, die Ehefrau des Stutenmeisters, die 1991 in den Gestütsbetrieb „eingeheiratet" hat, und die selbst in ihrer Jugend eine begeisterte Einzel- und Gruppenvoltigiererin war.
Das Voltigieren ist eine sehr anspruchsvolle Disziplin, die viel „Teamspirit", einen guten Gleichgewichtssinn und viel körperliche Fitness verlangt. Viele der Voltigierer sind auch nebenbei als Turner in Vereinen aktiv. Doch Talent und Körperbeherrschung alleine reichen für den Erfolg nicht aus, denn beim Voltigieren kommt es auch darauf an, das Zusammenspiel zwischen Pferd und Turnern so fein zu steuern, dass sich alle in einen harmonischen Bewegungsfluss einfügen. Manche Voltigierpferde werden mit der Zeit richtig musikalisch, denn sie kennen nach einer gewissen Zeit schon die einzelnen Passagen der Musik und wissen genau, wann welche Übung anfängt und wann sie endet.

Doch ebenso wichtig ist auch eine engagierte Bezugsperson, die sowohl auf das Pferd als auch auf die Gruppe ausgerichtet ist und alle als Team perfekt koordiniert: Christiane Niethammer ist in Marbach das Herz des Voltigiersports.

„... Als ehemalige Voltigiererin bekam ich 2001 die Chance, in der Reitschule des Haupt- und Landgestüts eine Voltigiergruppe zu gründen. Zunächst war die Gruppe für die Kinder der Gestütsangestellten konzipiert, um aber die Gruppe komplett zu machen, kamen noch Kinder aus umliegenden Gemeinden hinzu. Uns wurden die Pferde „Al Capone" und „Pluto King" aus der Reitschule zur Verfügung gestellt,

die uns geduldig durch die Anfänge des Trainings hindurchtrugen. Mit dem Wallach „Garfield", der liebevoll „Gary" genannt wird, kamen wir dann schließlich so weit, dass wir uns auf Voltigiertagen und Turnieren zeigen konnten. Dafür brauchten wir allerdings einen Reitverein, über welchen wir versichert waren, und für den wir starten konnten. Der RV Münsingen erklärte sich bereit, uns aufzunehmen und unterstützt uns seitdem großzügig ..."

Erfolg ist natürlich die stärkste Motivation: Als die Marbacher Voltigierer 2010 mit ihrem ersten C-Cup-Pokal nach Hause kamen, gab es einen großen Empfang im Gestütshof in Marbach. Ein Willkommensbanner war aufgespannt, es gab viel Applaus und nur glückliche Gesichter. Durch diese Erfolge ist der Zulauf in die Voltigierabteilung in den letzten Jahren enorm gestiegen, und es gab auch ein neues Pferd für die ehrgeizige Gruppe: Den Rappwallach „Brilliant", der von allen „Teddy" gerufen wird. Der sensible Riese ist im Besitz des Reitvereins Münsingen, der ihn großzügig der Marbacher Voltigiergruppe zur Verfügung stellt. Doch natürlich fängt mit einem neuen Pferd, das einen anderen Takt läuft, die ganze Ausbildungsarbeit wieder fast von vorne an, und so hat die Gruppe an die 2 Jahre gebraucht, um wieder an ihre Erfolge anschließen zu können. Es gehört schon eine große Portion Geduld und Hingabe dazu, um diesen Sport auszufüllen.

Mittlerweile gibt es in Marbach insgesamt 3 Trainerinnen und 24 Voltigierer, davon 22 Mädchen und 2 Jungs im Alter von 3 bis 21 Jahren. Von den Kleinsten wird schon eine erhebliche Portion Mut verlangt, denn da sie so leicht sind, bilden sie bei den akrobatischen Hebefiguren immer den oberen Abschluss: Da stehen sie dann schon gute 4 bis 5 Meter hoch in der Luft, auf den Schultern der Anderen, und das wohlgemerkt im Galopp. Der Wallach „Gary" aus der Anfangszeit ist inzwischen für die Bambinitruppe im Einsatz und trägt die Nachwuchsstars wie immer ruhig und gelassen auf seinem Rücken.

VERANSTALTUNGEN

in Marbach

Hengstparade
Herbstjagd
Marbach Classics
Internationale Marbacher Vielseitigkeit

Ein Staatsgestüt widmet sich in erster Linie der Zucht und dem Erhalt von Pferderassen. Die Höhepunkte eines Jahres sind die Auktionen der jungen Pferde, die bereits eingeritten wurden, und die Vorstellung der Stuten und Fohlen sowie der Deckhengste. Das Gestüt Marbach auf der Schwäbischen Alb hat inzwischen in seiner Bedeutung eine neue Dimension erreicht: Es wurde für die Pferdezucht gegründet, doch heute braucht man es umso mehr für die Menschen als Erholungsfaktor. Über 500.000 Besucher kommen alljährlich nach Marbach, nicht nur um Pferde zu kaufen, sondern um sie erleben zu dürfen. Bei den Hengstparaden, Sportveranstaltungen, Musikgalas und bei vielen kleinen Events stehen die Pferde im Mittelpunkt und begeistern das Publikum.

Die Stille des frühen Morgens wird bald abgelöst von dem geschäftigen Treiben in den Stallungen, bevor sich das Gestüt mit Besuchern und Zuschauern der Hengstparade füllt.

DIE HENGSTPARADE

Höhepunkt des Gestütsjahres

Noch ist die Nacht stockdunkel, als die ersten Gestüter in die Stallungen kommen, die Lichter einschalten und beginnen, mit den Futtereimern zu hantieren. Sie sind früher dran als sonst, daran merken die Pferde sofort, dass etwas Besonderes ansteht: Die Hengstparade – es wird ein langer und anstrengender Tag! Die meisten Pferde im Gestüt sind mehrfach bei den verschiedenen Programmpunkten im Einsatz, und obwohl sie am Vortrag schon gewaschen wurden, werden sie dann nach dem Füttern nochmals auf Hochglanz poliert. Alle Marbacher Gestütsangestellten sind jetzt anwesend und wuseln geschäftig durch die Stallungen. Hinzu kommen noch die Gäste der ausländischen Staatsgestüte, die ebenfalls am Programm teilnehmen und ihre Pferde versorgen müssen.

Im Frühstücksraum, wo es herrlich nach frischen Brötchen duftet, müssen alle etwas zusammenrücken. Nach der Pause fangen die Fahrer an, das Geschirr für die Mehrspänner zusammenzustellen, die Uniformen werden für die Schau bereit gelegt und alle gehen gedanklich noch einmal ihren Part durch.

Die Hengstparaden sind der Höhepunkt im Jahresablauf des Gestüts. In Marbach definieren die Gestüter alle anderen Termine immer mit vor und nach den Hengstparaden. Alle fiebern auf diese Tage hin. Den Sommer über trainieren Reiter und Pferde eifrig, damit die große Quadrille klappt. Die Geschirre werden besonders glänzend poliert und akrobatische Nummern müssen geübt werden.

Pünktlich um 12 Uhr wird die Schau losgehen – noch bleibt etwas Zeit. Wenn sich dann die Tore des Gestütshofs um 10 Uhr öffnen, strömen die Menschen im großen Pulk ins Gestüt. Es mutet an, als würden Ameisen das Terrain erobern. Zehntausend Menschen, eine bunt gekleidete Menge, findet auf der Tribüne der großen Arena Platz. An drei Wochenenden von Ende September bis Anfang Oktober besuchen fast 30.000 Personen die Gestütsparaden. Mit Sonnenhut und Sitzkissen ausgestattet, sind Menschen aller Altersklassen nach Marbach angereist, um Pferde hautnah erleben zu können. Manche von ihnen kommen jedes Jahr, weil es ihnen so gut gefallen hat, andere kommen vielleicht erst nach Jahren mit ihren Kindern oder Enkeln wieder. Die Stimmung in der Arena ist euphorisch und erwartungsvoll, denn jedes Jahr gibt es neue, spektakuläre Programmnummern. Doch auf die Klassiker, wie die kunstvoll gerittene Hengstquadrille oder die freilaufende Herde der Araberstuten, warten die Zuschauer jedes Jahr aufs Neue gespannt.

Zu Beginn der Hengstparade begrüßt Landoberstallmeisterin Dr. Astrid von Velsen-Zerweck die Besucher und die Ehrengäste, bevor sie dann das Mikrofon an den Moderator Jan Tönjes, Chefredakteur des Reitsportmagazins St. Georg, übergibt. Wie jedes Jahr führt er durch das Programm und weiß gekonnt, mit den Worten zu spielen, die die einzelnen Nummern ankündigen.

HADBAN ENZAHI

Marbach
TREFFPUNKT

20

Etwas exotisch und sehr beeindruckend ist es, wenn die bunten Römerwagen von je vier Pferden gezogen, in die Arena rauschen. Die Fahrer im Gladiatorenkostüm mit Helm und Federbusch haben alle Hände voll zu tun, diese geballte Kraft unter Kontrolle zu halten. Die Zuschauer feuern die Pferde an und sie galoppieren Runde um Runde durch die Arena. Begeisterungsstürme gehen durchs Publikum, wenn die Wagen ihr Tempo erhöhen. Man glaubt es kaum, wie schnell und temperamentvoll die kräftigen Schwarzwälder Füchse da sein können.

Schlag auf Schlag folgen jetzt die Schaunummern aufeinander, dominiert wird das Programm durch die vielen verschiedenen Anspannungen und die Vielfalt der Rassen. Wenn die Traberwagen-Quadrille gezeigt wird, sind manchmal auch die Fahrer der Gastländer mit von der Partie. Obwohl sie nicht viel üben konnten, läuft alles wie am Schnürchen. Und wenn dann die Achter- oder Zehnerzüge das Stadion füllen, im Trab und auch im Galopp haarscharf aneinander vorbeimanövrieren, dann spürt man auch bei den Zuschauern die Anspannung. Der Sand wird aufgewirbelt, das Tempo ist rasant, das Publikum begeistert. Erste Laola-Wellen gehen durch das Stadion, begleitet von frenetischem Beifall für besondere Showeinlagen.

Besonders wichtig ist es dem Gestüt, den neuen Jahrgang der Warmblutfohlen vorzustellen. Jede der Stutenmütter aus der Stammherde Marbachs hat berühmte Vorfahren und es steckt viel Hoffnung und Erwartung in ihrer Nachzucht. Elegant und sehr eigenständig schweben die halbjährigen Fohlen über den Sandplatz und präsentieren sich hervorragend in einer ihnen unbekannten Umgebung. Aus ihnen gehen später die Landbeschäler oder Prämienstuten hervor.

Das Gestüt zeigt voller Stolz seine Nachzucht an frisch eingeritten Jungpferden, die in der Dressur und im Springen vorgestellt werden, und auch die Fahrpferde gehen sportlich um die Hindernisse.

Die arabischen Hengste präsentieren sich mit Horst König unter dem Dressursattel und glänzen in zirzensischen Lektionen. Doch am liebsten sieht das Publikum die arabischen Pferde, unter den als Scheichs verkleideten Gestütern mit dem bunt verzierten Sattelzeug, leicht und schnell wie der Wind dahinfliegen.

Die Azubis sehen sich jedes Jahr vor die Aufgabe gestellt, eine eigene Schaunummer zu erarbeiten. Vom Push-Ball bis zu lustigen Springquadrillen reicht da die Palette. „Ungarische Post“ nennt sich ein Schaubild, in dem ein Gestüter in der Tracht der Czikos, der ungarischen Pferdehirten, auf der Hinterhand zweier Pferde steht, die nebeneinander schnell dahingaloppieren. Viel Mut und Gefühl für Balance gehören dazu, nicht herunterzufallen, denn nicht immer laufen die Pferde im gleichen Rhythmus. Dass die Schwarzwälder Füchse nicht nur Fahrpferde, sondern auch gute Reitpferde sind, beweisen sie in einer schönen Vorführung, die in der traditionellen Schwarzwälder Tracht von St. Märgen geritten wird. Musikkapellen aus der Umgebung, lockern die Pferde-Schaubilder auf. Brauereien kommen zu Besuch und zeigen herrlich geschmückte Gespanne vor schweren Wagen, die mit Bierfässern hoch beladen sind. Erntewagen und historische landwirtschaftliche Gerätschaften werden angespannt, es wird alles gezeigt, was man früher mit Pferden gearbeitet hat. Die Hengstparade in Marbach ist eine Plattform für alles, was mit der Tradition rund um das Arbeitspferd zu tun hat, eine einmalige Gelegenheit, um Noriker und andere Kaltblüter in historischer Anspannung zu sehen. Gleichermaßen bietet sie die beste Gelegenheit, moderne Sportpferde von hervorragender Qualität und mit erstklassigem Charakter bei den vielen Einsatzmöglichkeiten kennen zu lernen.

Und immer wieder beeindruckt die klassische Quadrille der besten Hengste aus dem Gestüt, geritten in der Marbacher Galauniform. Sie wurde vor einigen Jahren neu angefertigt und den Vorbildern aus der Zeit der napoleonischen Kriege nachempfunden: Rot und Schwarz sind die Grundfarben, die Innenschöße rot unterlegt, geschmückt mit blitzenden goldenen Knöpfen. Auf dem Kopf tragen die Reiter eine hohe Kappe mit Schild. Die Hengste glänzen im Sonnenlicht als wären sie eingeölt, und man sieht das Spiel ihrer Muskeln bei jeder Bewegung.

Landoberstallmeisterin Dr. Astrid von Velsen-Zerweck eröffnet feierlich die Hengstparade mit ihren herrlichen Schaubildern.

Die Marbacher Zuchtstuten werden von den Auszubildenden an der Hand vorgeführt und stolz dem Publikum präsentiert.
Eine bunte Palette an Programmpunkten erwarten die Besucher: die rasante ungarische Post, gerittene Schwarzwälder Kaltblüter in Tracht, Kunststücke mit arabischen Hengsten sowie jedes Jahr eine ganz besondere Schaunummer der Auszubildenden, wie hier das Push-Ball-Spiel mit Pferden.

Die Hengstparade ist eine Bühne, die Hauptdarsteller sind die Pferde. Das Publikum geht nach Hause, und jeder Einzelne ist besonders angetan von einem bestimmten Bild, das er in seiner Erinnerung aufbewahren wird. Viele sind zutiefst berührt von dem Anblick der grazilen Araberstuten, die freilaufend in der Herde pure Emotion hervorrufen! Eine wundervolle Impression von Schönheit und Freiheit! Manchmal kehren Menschen, die als Kinder die Arabischen Pferde Marbachs erlebt haben, nach 20 Jahren wieder hierher zurück und sagen: „… damals habe ich mir geschworen, wenn Du jemals das Geld haben wirst, dann wirst Du Dir einen dieser Wüstentänzer kaufen…" und dann haben sie es getan. Ist dies nicht der beste Beweis dafür, dass Menschen Inspiration brauchen und dass Marbach mit seinen vielfältigen Veranstaltungen rund um das Pferd, diese Aufgabe mehr als erfüllt?

Viele, die heute das Programm genießen, wissen nichts über die Gründe, warum die Hengstparaden eingeführt wurden. Wie schon der Name sagt, wollte man ursprünglich die Hengste des Gestütes den interessierten Züchtern in einer Art Parade vorstellen, bevor sie auf die einzelnen Deckstationen im Ländle gingen. Daher fand auch die erste Hengstparade 1925 im Januar auf dem Gestütshof in Offenhausen statt. Manchmal schneite es so heftig, dass man kaum die Pferde sehen konnte. Dennoch kamen schon damals zwischen 800 und 1000 Besucher, die keine kalten Füße und Nasen scheuten, um sich die Hengste an der Hand, unter dem Reiter und vor dem Wagen anzuschauen. Dabei mussten die Gestüter ganz schön vorsichtig sein, um bei den widrigen Wetterverhältnissen und vereisten Wegen ihre Pferde wieder heil in den Stall zu bringen.

Erst im Jahr 1950 verlegte Landoberstallmeister Dr. Georg Wenzler die Hengstschauen auf den extra neu angelegten Paradeplatz des Marbacher Hauptgestütshofs, auf dem es noch keine Sitzplätze gab. Die Termine der Paraden lagen zunächst noch im Januar, bis sie dann 1958 endgültig in den Herbst verlegt wurden. Dies hatte einen einfachen Grund: Die Pferde wurden immer seltener bei der Arbeit auf den Feldern und im landwirtschaftlichen Betrieb des Gestütes benötigt, denn mit der zunehmenden Motorisierung erleichterten Traktoren die Feldarbeit maßgeblich.

In den 70er-Jahren begannen sich mehr Pferdefreunde und nicht nur Züchter für die aktuellen Zuchthengste und Stutenlinien des Gestüts zu interessieren. Landoberstallmeister Dr. Wolfgang Cranz erweiterte die Hengstparade zu einer großen Gestütspräsentation mit besonderen Schaueinlagen. Im Jahr 1974 wurde deshalb die große Arena in Marbach an der Stelle des ehemaligen Paradeplatzes gebaut. Im Laufe des Gestütsjahres wird diese für viele Anlässe genutzt, aber bei den Hengstparaden ist die Arena wirklich immer bis zum letzten Platz gefüllt.

IM PORTRÄT

Karin Kollmansberger
und die arabischen Stuten

Karin Kollmannsberger ist einer von drei Scheichs auf der Schwäbischen Alb, zumindest wenn sie mit einem roten Umhang bekleidet auf einer Araberstute in vollem Galopp durch die Arena des Haupt- und Landgestüts Marbach prescht, so dass Sandfontänen hinter ihr aufspritzen. Dieses Szenario spielt sich jedes Jahr anlässlich der Hengstparaden im Gestüt Marbach ab, und die Zuschauer sind absolut begeistert von den zierlichen arabischen Pferden, die gerade dann ihre Schönheit zeigen, wenn sie nach Herzenslust rennen dürfen. Mit weit geöffneten Nüstern, gespitzten Ohren und einer unglaublichen Energie und Lust an der Bewegung legen sie los. Man nennt sie auch „die Perlen von Marbach" – eine außergewöhnliche Stutenherde und wertvolle Hengste mit einer langen Geschichte.

Karin Kollmansberger erzählt schmunzelnd, dass ihre Lieblingsstute „Namije" nicht immer begeistert ist, wenn sie mit dem Sattel kommt, denn das könnte ja Arbeit bedeuten. „... Sobald ich aber mit der arabischen Zotteltrense komme, ich mir das große Tuch um den Kopf geschlungen habe und der rote Umhang über meinen Schultern liegt, dann weiß sie: ‚Jetzt heißt es nur noch rennen'. Und das macht sie mit Begeisterung. Manchmal kriege ich Bedenken, ob ich sie jemals wieder anhalten kann. Doch das ‚Scheichen', wie es auf dem Gestüt genannt wird, ist immer wieder eines der größten Highlights der Hengstparade, auf das die Leute gespannt warten. Ansonsten geht es im Gestüt wohl diszipliniert und gesittet zu ...", meint Karin Kollmansberger, dann auch entschuldigend.

Zusammen mit ihrem Chef, dem Stutenmeister Klaus Niethammer, betreut sie die Araberherde, die 24 Mutterstuten umfasst und je nach Anzahl der Fohlengeburten manchmal um die 40 Köpfe zählt. Vor vielen Jahren war sie als Kind bei ihrer Tante zu Besuch. Da stand sie am Zaun und schaute mit großen Augen auf die arabischen Stuten und streichelte die Fohlen. Jedes Jahr kam sie wieder und es wurde ihr größter Wunsch, einmal in Marbach zu arbeiten, obwohl sie doch eigentlich in Bayern zuhause war. Als eine der ersten Frauen bewarb sie sich dann für eine Ausbildung auf dem Gestüt, mit wenig Aussicht, jemals angestellt zu werden, was ihr aber dann trotzdem gelang.

Das ist jetzt fast ein Vierteljahrhundert her. Seit 1992 betreut Karin Kollmannsberger die Araberstuten: „... Ich gehöre fast schon zum lebenden Inventar ..." Und wenn sie von ihren Stuten spricht, leuchten ihre Augen: „... Das hier ist genau mein Ding. Ich kannte Araber vorher nicht wirklich, aber ich bin

längst fasziniert von diesen Pferden ..." Sie gibt offen zu, dass sie inzwischen dem Charme, der intensiven Ausstrahlung und der exquisiten Schönheit dieser Rasse verfallen ist. „... Sie sind zu meinem Lebensinhalt geworden, sie zu betreuen, ist einfach jeden Tag aufs Neue ein unglaubliches Erlebnis. Sie spüren sofort, wenn ich mal traurig bin, sie reagieren auf jede Kleinigkeit und nehmen feinste Nuancen in der Stimme wahr. Einige kommen dann auch schon einmal her, um mich zu trösten. Es sind einfach außergewöhnliche Pferde mit einer großen Seele und einer gehörigen Portion Weisheit. Wenn du ihr Vertrauen hast, dann gehen sie ohne zu zögern für dich durchs Feuer. Das können manche „Warmblut-Menschen" nicht begreifen.

Eine arabische Schönheit, die Rappstute „Namije ox" (NK Bolbol ox x Nari ox).

Natürlich gibt es auch „Zicken" unter den Arabern; sie haben durchaus spezielle Charaktere, dadurch wird es nie langweilig mit ihnen. Die schönste Zeit ist dann, wenn sich die Bäuche runden und wachsen und man sich auszumalen beginnt, wie schön die Fohlen jeder einzelnen Stute sein werden, ob es ein Hengstlein oder ein Stütchen wird – oder ob es vielleicht noch schöner ausfällt, als das Kind vom letzten Jahr. Man sagt ja, dass mit zunehmendem Alter der Mütter die Fohlen auch an Qualität gewinnen. Auf jeden Fall ist es immer spannend, und ich fiebere dem Geburtstermin jeder einzelnen Stute entgegen. Gott sei Dank gibt es meistens keine Probleme beim Abfohlen, trotzdem versucht man immer zum richtigen Zeitpunkt zur Stelle zu sein."

Während sie so erzählt, steht sie im großen Laufstall mitten in einer Gruppe von Fohlen, die vorwitzig an ihrer Jacke knabbern und dann mit einer kleinen, entschiedenen Handbewegung, die Karin Kollmannsberger schon ganz unbewusst macht, zurechtgewiesen werden. Die Mutterstuten sind an ihren Plätzen angebunden, damit jede ihre individuelle Futterration bekommt. Auch hier hängt, wie in allen anderen Laufställen, über jedem Platz ein Namensschild mit Geburtsdatum und Abstammung an der Wand. Zusätzlich sind auch hier die Daten der frisch geborenen Fohlen notiert. Wann bekommen die Fohlen ihre Namen? Das ist eine Frage, die Karin Kollmansberger mit einem etwas gequälten Lachen quittiert: „... Das darf man sich nicht so leicht vorstellen. Bei uns heißt kein Pferd Frieda oder Rosie wie bei den Haflingern oder Top Contender wie bei den Warmblütern. Jedes Jahr setze ich mich hin und wälze dicke Bücher über arabische Pferde, um einen Namen zu finden, der sowohl mit dem Buchstaben der Mutter anfängt als auch eine Aussage zum Charakter des Pferdes trifft. Und der arabisch ist, aber für uns noch aussprechbar. Viele lachen mich aus, dass ich das so ernst nehme, doch ich glaube, mit einem Namen spielt man auch ein wenig Schicksal. So heißt zum Beispiel meine Lieblingsstute „Namije", was so viel bedeutet wie „Besonderheit". Und das ist sie auch, etwas ganz Besonderes. Mit ihren kohlschwarzen riesengroßen Augen, ihrem wunderschönen

Körper und ihrem exzentrischen Charakter ist sie meine Diva! Schon ihre Großmutter „Noha" war ganz außergewöhnlich, sehr klein, kaum 1,50 Meter groß, aber mit einem wunderschönen Gesicht, wie alle typischen „Hadban Enzahi"-Töchter. Auch deren Tochter „Nari", ein wirklich liebes Pferd, sie wird für immer ein Platz in meinem Herzen haben. Zwischen uns stimmte die Chemie einfach, wir mochten uns, und sie brachte durchweg gute Fohlen, als Highlights die beiden Rapp-Fohlen „Napirai" und ihre Vollschwester „Namije". Leider lag „Nari" eines sonntagnachmittags plötzlich tot auf der Weide. Als ich sie fand, habe ich geweint. Ich hatte noch so viel Hoffnung in sie gesetzt ..."

Tragik und Glück liegen im Alltag mit Pferden oft nah beieinander: Auch „Namije" sorgte bereits im Alter von wenigen Tagen für Aufregung: „... Als sie das erste Mal aus dem Stall rausgaloppierte und noch nicht wusste, was ein Zaun ist, krachte sie mit dem Kopf frontal gegen die Eisenstange. Sie fiel um und ich dachte, sie wäre tot. Als ich hinkam und ihren Kopf anhob, blickte sie mich geschockt an, sie hatte eine tiefe Delle auf ihrer Stirn. Wir dachten, wir würden sie verlieren. Das war ein tragischer Moment, den ich nie vergessen werde. Da die Knochen eines neugeborenen Fohlens aber noch sehr weich sind, hatte ich Hoffnung, dass sie es überleben würde. Ihr Hals war ganz dick, total gestaucht. Doch mit viel Liebe, Zuwendung und Massagen packte sie es – eine echt tolle Stute. Wenn ich mit meiner Hand über ihre Stirn fahre, kann ich die Stelle noch erfühlen ..."

Ganz besondere Momente sind für Karin Kollmannsberger jene, in denen sie ihre Lieblinge aus der Ferne beobachten kann: „... Wenn die ganze Herde bei der Hengstparade in die Arena einläuft, dann halten die Menschen die Luft an und mir treten immer wieder die Tränen in die Augen. Die Schimmelstuten glänzen wie Silber in der Sonne und die dunklen Stuten schimmern wie Ebenholz. Gemeinsam schweben sie durch die Arena, immer dicht zusammen, ihre Bewegungen im Gleichklang, die Köpfe in die Luft gestreckt, ihre Nüstern weit geöffnet, die Schweife stolz erhoben! Das Schaubild dauert nur ein paar Minuten, doch man bekommt Gänsehaut und behält es immer in Erinnerung ..."

Karin Kollmansberger zögert etwas, dann sagt sie: „... Ich habe kürzlich ein Zitat von William Shakespeare gelesen, das passt meiner Meinung nach gut auf die Araber:

Ich habe ein wunderbares Pferd,
es hat die Leichtigkeit des Windes
und des Feuers Hitze,
aber wenn sein Reiter es besteigt,
ist seine Sanftmut nichts als die
Ruhe vor dem Ausbruch des Sturmes."

Die Pferdewirtschaftsmeisterin für Zucht und Haltung ist aber nicht nur die „Mutter" für 24 Araberstuten und ihre Fohlen, sondern hat selbst 3 Kinder. Dass sie eine der ersten Frauen war, die vom Gestüt nach der Ausbildung angestellt wurden, hängt sie nicht an die große Glocke, doch der Einstieg in die Männerdomäne wurde ihr und ihrer später hinzugekommenen Kollegin nicht leicht gemacht. „... Die Männer haben uns auf Herz und Nieren getestet, ob wir überhaupt für diesen Job geeignet sind. Sie haben uns gern mal den ganzen Tag mit schwierigen Pferden in die Schmiede geschickt. Ein Jahr lang mussten wir uns durchboxen und uns gegenseitig motivieren. Aber als die Männer gemerkt haben, das wir nicht gleich heulend davonlaufen, hat nie mehr einer etwas gesagt und wir wurden akzeptiert ...".

Heute, wo sogar die Leitung des Gestüts in den Händen einer Frau liegt, sind weibliche Gestütsangestellte längst nicht mehr aus Marbach wegzudenken – und Karin Kollmansberger war eine der ersten, die ihre männlichen Kollegen davon überzeugen konnte, dass es nicht nur gute Gestüter, sondern auch gute Gestüterinnen gibt.

HERBSTLICHE JAGD
mit Hundemeute

Farbige Wälder, raschelndes Laub, rote Röcke, Jagdhörner und eine quirlige Meute von Jagdhunden gehören, neben der bunt gemischten Gruppe von Reitern, zu einer richtigen Jagd dazu. Da geht es über Wiesen, Stock und Stein in einem rasanten Tempo.

Schon die Herzöge aus dem Hause Württemberg wussten den Wildreichtum auf der Schwäbischen Alb zu schätzen. In Offenhausen lag eine der damals zahlreichen Jagdhütten, und das Schloss Grafeneck, auf das man vom Hauptgestütshof blickt, wurde im 17. Jahrhundert als fürstliche Jagdresidenz genutzt. Zur damaligen Zeit jagte die adelige Gesellschaft, um frisches Wildbret für den eigenen Bedarf und für die fürstlichen Bankette zu beschaffen. Dem einfachen Volk dagegen war das Erlegen von Wild in den fürstlichen Wäldern streng verboten. Eine große herrschaftliche Jagd aber war immer auch ein gesellschaftliches Ereignis, zu dem sich der Adel traf und Politik betrieb. Im Damensattel reitend nahmen die Frauen aktiv an der Jagd teil oder ließen sich mit dem leichten Jagdwagen kutschieren. Alle genossen die Zeit auf dem Land.

Wenn heute das Jagdhorn erschallt, dann kostet es keinen Fuchs mehr das Leben. Obwohl noch hinter einer Hundemeute geritten wird, jagt man nicht mehr auf der Fährte lebendiger Wildtiere, sondern auf einer Duftspur. Diese Spur wird von einem Vorreiter, dem „Fuchs", gelegt und besteht aus einer bestimmten Flüssigkeit, auf welche die Hunde der Meute geprägt sind. Tropfenweise kommt sie aus einer Flasche, die am Sattel hängt. Man nennt dies „eine Schleppe legen".

Alljährlich im Herbst treffen sich mehr als 50 Reiterinnen und Reitern im Hauptgestütshof von Marbach zum Stelldichein. Dort werden alle durch den Organisator der Jagd, den Badischen Schleppjagdverein, begrüßt.

Viele Teilnehmer sind mit ihren Pferden von weit her angereist, um diesen Tag zu genießen. Es gibt nur noch wenige attraktive Schleppjagden, und Marbach bietet mit seinen herrlichen Wäldern und sanften Hügeln eine besondere Kulisse für diesen Anlass. Dann wird aufgesessen und man begibt sich zum Abritt auf die große Wiese vor dem Verwaltungsgebäude des Haupt- und Landgestüts Marbach. Hier ordnet man sich den verschiedenen Gruppen, den sogenannten „Feldern", zu, die je nach Können von Pferd und Reiter gestaffelt werden. Jedes Feld wird angeführt von einem rot berockten Master und seinen Assistenten, den Pikeuren. Sie achten darauf, dass die Gruppe zusammenbleibt und niemand den Master überholt.

Die Vielfalt der Pferde und Reiter ist wirklich breit gefächert, denn Jagdreiter sind ein eigenes Völkchen. Es gibt die erfahrenen Jagdreiter, mit faltigen Reitstiefeln und abgewetztem grünen oder blauen Reitrock, mit ihren souveränen Warmblütern, oft groß und knochig und unerschrocken dreinblickend. Neben ihnen steht dann vielleicht ein zierlicher Vollblutaraber, der ungeduldig mit den Hufen scharrt, geritten von einer jungen Frau mit neuem Schutzhelm und Schutzweste über der karierten Reitjacke, die ebenso nervös ist wie ihr Pferd. Dazu das dritte Feld, dessen Reiter oft Anfänger oder vorsichtige Reiter sind, die zum ersten mal „Jagdluft schnuppern", denn im dritten Feld wird nicht gesprungen.

Der Master gibt noch einmal einige Anweisungen und erläutert die strengen, aber notwendigen Verhaltensregeln für die Reiter bei einer Jagd. Die „Hardtmeute" aus 40 französischen Laufhunden der Rasse Grand Anglo Francais wuselt derweilen ganz aufgeregt zwischen den Beinen der Pferde umher, die von ihren Trainern geritten werden. Hauptsattelmeister Rolf Eberhardt, dem Leiter der Landesreitschule, obliegt die Führung der Jagdgesellschaft auf der Strecke, die rund 16 Kilometer über das hügelige Gelände der Schwäbischen Alb führt. Die Bläser setzen erneut ihre Jagdhörner an die Lippen und von den Mauern der Stallungen kommt das Echo zurück. Die Jagd ist auf!

Zunächst führt der Weg an der Lauter entlang, die breite Wiese ist ideal für den Aufgalopp, der gleichzeitig ein Prüfstein ist, wie gut sich Reiter und Pferde verstehen. Wenn beide ihre erste Anspannung losgeworden sind, zieht sich das Feld auseinander und eine gewisse Ruhe kehrt ein. Jedes Jahr werden sechs Schleppen auf unterschiedlichen Strecken gelegt und nach der dritten Schleppe gibt es einen Stopp. Auf die ankommenden Reiter wartet schon Verpflegung in fester und flüssiger Form. Die Pferde dampfen und bekommen eine Decken übergelegt, je nachdem, wie

kalt es ist. Doch Wetter und Kälte können einen echten Jagdreiter nicht beeindrucken. Manche Jagden sind richtige Schlammschlachten und der Dreck, der von den Pferdehufen aufgewirbelt wird, fliegt dem nächsten Reiter um die Ohren. Bei der Rast wischt man sich das Gesicht ab, nimmt einen tüchtigen Schluck Mirabellenschnaps und lacht darüber, wie alle aussehen. Man hat das Gefühl, dass alle zu einer verschworenen Gemeinschaft verschmelzen, alle Reiter haben leuchtende Augen und die Wangen sind vor Anstrengung gerötet. Manchmal sind die Jagdröcke triefend nass vom Regen und dem Nebel, doch die alten Hasen würden um keinen Preis einen Regenmantel über ihren roten Jagdrock ziehen. Unter den Teilnehmern befinden sich Menschen aller Altersklassen: Kantige und raue Typen gibt es, die nur mit ihren Pferden ins Gelände gehen und auf keinem Turnier anzutreffen sind. Aber auch junge Reiterinnen und Reiter erliegen der Faszination des Jagdreitens. Für sie ist es ein Abenteuer, mal so richtig durchs Gelände galoppieren und über die Baumstämme und festen Hindernisse springen zu können. Es ist wie ein Rausch, durch die herbstlichen Wälder zu galoppieren. Die bunten Blätter fliegen vorbei, man riecht den Herbst über den Wiesen, man spürt den Rhythmus des Pferdekörpers unter sich, hat den Pferdehals vor sich und blickt über die Ohren des Pferdes auf die anderen Reiter vor sich und den Master. Dazu kommt das durchdringende permanente Kläffen und Jaulen der Hunde, die in ihrem Element sind und über die Felder und Wiesen hetzen. Alle Reiter bewegen sich sehr schnell, und es gehört Geschick und Feeling dazu, die Kraft seines eigenen Pferdes einzuteilen, zu kontrollieren und sich im Feld richtig zu platzieren.

Ganz schön nass kann es beim Durchreiten des kleinen Sees am Jägersprung werden. Je nachdem, wie regenreich der Herbst war, wird es für Pferde mit geringem Stockmaß ziemlich tief. Doch bisher ist noch keiner steckengeblieben, nur einige Reiter sind schon ins Wasser gefallen, als ihre Pferde mit großen Sprüngen durch den Teich setzten.

Am Ende der Jagd sammeln sich alle Reiter am Stutenbrunnen zum Halali, dem abschließenden Gruß der Bläser. Dann bekommen die Hunde der Hardtmeute ihre wohlverdiente Belohnung, das Curée. Sie stürzen sich mit Heißhunger auf den Berg an Pansen, der vor ihnen ausgeschüttet wird und balgen sich um jedes Stück.

Jeder Reiter ist ganz offensichtlich ziemlich müde und mitgenommen, aber auch stolz auf das frische Eichenlaub an seinem Revers, das ihn als Jagdreiter auszeichnet. Die Pferde werden abgerieben, in Decken eingepackt und bekommen eine große Portion Futter als Dankeschön. Abschließend treffen sich alle im Gestütsgasthof zu einem warmen Kaffee mit Schuss und einem guten Apfelkuchen. Es wird viel erzählt über die Jagd, und wie es jedem ergangen ist. Und natürlich werden sich alle im nächsten Jahr wieder in Marbach treffen. Wenn man dann aus der warmen Stube wieder hinaustritt, um nach Hause zu fahren, dann schlägt jeder den Kragen hoch und fröstelt, denn es wird Abend, und die Kälte kriecht über die Alb. Die gelben leuchtenden Wälder verstecken sich schon wieder im Nebel.

MARBACH CLASSICS

Eine Sinfonie aus Akrobatik, Dressur und Musik

Mann könnte eine Stecknadel fallen hören in der großen Reithalle des Haupt- und Landgestüts Marbach: Eine erwartungsvolle Spannung liegt in der Luft, als plötzlich das Orchester einsetzt und im Takt der Musik die ersten Reiter und Pferde mit tänzelnden Bewegungen die Halle betreten. Seit vier Jahren findet nun schon das beliebte Event „Marbach Classics" statt, ein gelungenes Zusammenspiel von außergewöhnlichen Schaunummern, Reitvorführungen und klassischer Musik, live gespielt von der Württembergischen Philharmonie Reutlingen unter der Leitung von Chefdirigent Ola Rudner. Eine musikalische Reise durch die Länder der Welt bildet den klangvollen Hintergund für wundervoll inszenierte Vorführungen Marbacher Reiter und Pferde, darunter natürlich auch die freilaufenden Araberstuten, die schon bei den alljährlichen Hengstparaden die Herzen der Menschen erfreuen. Aber auch bekannte Gastreiter wie Anabell Balkenhol, professionelle Tänzerinnen und Tänzer sowie spektakuläre akrobatische Schaunummern runden das Programm ab.

Es ist nicht immer einfach, die richtige Musikauswahl zu den Pferden zu finden, berichtet der Intendant Cornelius Grube, denn Rhythmus und Takt sollten ja harmonisch zu den Bewegungen der Pferde passen und sich gleichzeitig in den thematischen Rahmen einfügen. Die einzelnen Auftritte werden durch sehr stimmungsvolle und farbenfrohe Lichteffekte in Szene gesetzt, so dass sich zusammen mit der Musik und den Pferden ein wunderschönes Gesamtbild ergibt – eine Mischung, die Jung und Alt unter den Zuschauern begeistert. Die Einzigartigkeit der Veranstaltung hat sich sehr schnell herumgesprochen, so dass die Eintrittskarten immer sehr früh ausverkauft sind.

Für das 500-jährige Jubiläum hat sich das Gestüt etwas ganz Besonderes einfallen lassen: Marbach Classics wird es zum ersten mal als Open-Air-Veranstaltung in der großen Arena geben. Unter dem hoffentlich sternenklaren Himmelszelt werden die wundervollen Klänge des Orchesters aus der extra erricheteten Orchestermuschel über die Schwäbische Alb klingen, und das Ballett der Pferde und Reiter untermalen. Temperamentvolle Marbacher Vollblutaraber, sportliche Dressurvorführungen, barocke Lipizzaner und prächtige Altkladruber werden nur einige Höhepunkte dieses Sommernachttraums sein, wenn sie zu den Klängen von Antonin Dvorak, Claude Debussy, Frédéric Chopin, P.I. Tschaikowsky und anderen Komponisten tanzen.

Wenn die Araberstuten aus dem Dunkel in das magische blaue Licht galoppieren, dann bekommen alle Zuschauer Gänsehaut. Mit den Marbach Classics stellt das Gestüt seine Pferde in einer ganz besonderen Atmosphäre vor. In der Kombination von Musik und Schaunummern ist dies in idealer Weise gelungen.

INTERNATIONALES VIELSEITIGKEISTSTURNIER *in Marbach*

Dressur, Springen und ein anspruchsvoller Geländeritt

Hochkarätige Buschreiter aus 15 Nationen kommen jedes Jahr immer wieder gerne nach Marbach. Auch die Olympiareiterin Bettina Hoy hat schon erfolgreich an dem Event teilgenommen.

Das internationale Drei-Sterne-Vielseitigkeits-Turnier lockt jedes Jahr im Mai viele Weltklassereiter wie Andreas Dibowski und Bettina Hoy nach Marbach. Auch Ingrid Klimke, Nummer vier der Weltrangliste, kommt gerne auf die Alb. Für sie und ihre Spitzenpferde ist es ein guter Start in die Saison nach einer längeren Winterpause, denn die können sich in Marbach für die großen Wettbewerbe aufwärmen. Die Nachwuchspferde dagegen haben noch viel zu lernen: hier in Marbach dürfen sie mit freundlichen Hindernissen und einem griffigen Geläuf viel gute Erfahrungen machen.

Die hügelige Landschaft der Schwäbischen Alb bietet ideale Voraussetzungen für einen anspruchsvollen Parcours. Alle in Marbach sind stolz darauf, ein so hochkarätiges Sportevent auf dem Gestüt veranstalten zu können. Es kommen viele Neugierige und interessierte Laien, aber auch ein großes Fachpublikum. Rund um das Event bietet Marbach noch viele andere interessante Programmpunkte und viel Belustigung für Groß und Klein. Man trifft sich mit Freunden und kann einen herrlichen Tag in einer Atmosphäre verbringen, in der sich alles nur um Pferde dreht.

Am Tag der Geländeprüfung liegt Anspannung in der Luft. Auf dem großen Parkplatz hinter der Arena steht ein Pferdetransporter neben dem anderen, aus dem die Pferde neugierig herausschauen. Andere Pferde werden schon für den Start gesattelt oder kommen vollkommen verschwitzt von der Strecke zurück, um sofort abgerieben und versorgt zu werden. Die Zuschauer drängen sich an den Wasserhindernissen oder an besonders interessanten Sprungkombinationen und fiebern mit jedem Pferd mit, das über die festen Hindernisse fliegt. Sachwissen, Anteilnahme und Begeisterung, das hört man aus den Unterhaltungen der Menschen, die von diesem Sport fasziniert sind.

Das „Buschreiten", wie der Vielseitigkeitssport auch liebevoll genannt wird, gilt zu Recht als die Königsdisziplin der Reiterei. Kaum eine andere Disziplin stellt so immense Anforderungen an Leistungsfähigkeit und Kondition von Pferd und Reiter. Außerdem müssen die Pferde mitkämpfen wollen, dies macht ein gutes Buschpferd aus. Drei Tage lang werden sie gefordert, in der Dressur, dann beim Geländeritt, und zuletzt entscheidet ein Springen über den Sieg. Vor allem beim Ritt über die Hindernisse der Geländestrecke sind Ausdauer, Mut und ein großes gegenseitiges Vertrauen gefragt.

Der Liebling der Zuschauer ist natürlich Michael Jung. Wenn er mit seinem Pferd „La Biosthetique Sam FBW" auf den Kurs geht, brandet ihm Applaus entgegen. Die Württemberger sind mächtig stolz, dass er mit seinem Braunen aus der Marbacher Zucht so große Erfolge errungen hat und dann auch noch Weltmeister wurde.

Zucht talentierter Vielseitigkeitspferde

Sportpferde mit breit gefächerten Anlagen für Dressur, Springen und mit dem großen Herzen für die imposanten Geländesprünge, die werden in Marbach gezüchtet. Hierher kommen die Talentsucher auf die Auktionen, um junge Pferde für den Sport zu ersteigern.

2011 stammten vier der sechs besten in Deutschland gezogenen Pferde der Weltrangliste von den Marbacher Landbeschälern „Stan the Man xx“ und „Gardez“ ab. Der bekannteste darunter ist sicherlich der Welt- und Europameister „La Biosthetique Sam FBW“ mit Michael Jung. Er ist der erfolgreichste Sohn des berühmten Vollblüters „Stan the Man xx“, der von 1993 bis 2000 als Landbeschäler im Haupt- und Landgestüt Marbach wirkte und als einer der wichtigsten und einflussreichsten Vererber für den Vielseitigkeitssport gilt.

Aufgrund dieser Erfolge hat der Pferdezuchtverband Baden-Württemberg im Jahr 2012 ein spezielles Vielseitigkeits-Zuchtprogramm ins Leben gerufen, und Marbach hat seinen Bestand an Vollblütern und Zuchthengsten mit hohem Vollblutanteil in den letzten Jahren stark erweitert. Inzwischen stehen speziell für die Zucht zukünftiger Elitepferde im Vielseitigkeitssport folgende Landbeschäler zur Verfügung:

Il Divo xx, Ituango xx, Icare d'Olympe AA, Said ox, Larimar, Christdorn, Jordaan, Metteur und die beiden Trakehner Laurel und Assistent.

Dirk Schrade und seine Stute „Sindy" von „Stan the Man" waren ein erfolgreiches Paar in der Vielseitigkeit. Nicht ein einziges Mal in ihrer Karriere kam sie mit einem Geländefehler aus dem Parcours. Doch nicht nur die Stute ist eine Württembergerin, auch Dirk Schrade wuchs in der Nähe von Marbach auf.

Der englische Vollblüter „Stan the Man" (Tachypous xx x Mary Green xx) war eine herausragenden Persönlichkeit und hat seinen Nachkommen nicht nur das Talent, sondern auch viel Charakter mitgegeben.

STAN THE MAN XX

ein herausragender Vererber

Der irische Vollbluthengst kam 1993 im Alter von 11 Jahren aus England auf das Haupt- und Landgestüt Marbach und wurde dort gekört. Er war einer der bedeutendsten und erfolgreichsten Vollblüter, der je in Marbach zur Veredelung in der Warmblut- und Sportpferdezucht eingesetzt wurde. Obwohl er nur sieben Jahre in Marbach als Landbeschäler zum Einsatz kam, wurde der elegante und großrahmige Fuchshengst zu einer Legende der Vielseitigkeitszucht Baden-Württembergs. Allein in Deutschland sind 100 seiner Nachkommen bei der FN registriert und im internationalen Sport im Einsatz. Der in Marbach gezogene Wallach „La Biosthetique Sam" ist einer seiner berühmtesten Söhne. „Sam" gehört zu den erfolgreichsten Vielseitigkeitspferden der Welt und wurde mit seinem Reiter Michael Jung Welt- und Europameister. Ebenfalls erfolgreich im internationalen Vielseitigkeitssport bis hin zu den schweren Vier-Sterne-Prüfungen war die „Stan the Man"-Tochter „Sindy" unter Dirk Schrade, die 2009 aus dem großen Sport ausschied und sich nun liebevoll um ihren Fohlennachwuchs kümmert.

2000 starb „Stan the Man xx" leider schon viel zu früh im Alter von 18 Jahren an einer Lungenembolie. Von den zahlreichen Söhnen des erfolgreichen Fuchshengst ist der Hengst „Laurel" zur Zeit im Haupt- und Landgestüt Marbach als Landbeschäler stationiert.

HSBC
70
HSBC

Ein wahres Powerpaket, der Haflingerhengst „Nestroy" (Natino x Lady Lucia).

GESTÜTSLEITUNG

GESTÜTSDIREKTOREN IN DER GESCHICHTE MARBACHS

Das Geschick des Gestütes lag in ihren Händen

Seit Bestehen des Gestüts Marbach liegt der Erfolg der Pferdezucht in den Händen der Gestütsleiter, die mit mehr oder minder glücklicher Hand Hengste auswählen und Zuchtpolitik schreiben. Die lange Reihe der Persönlichkeiten, die das Gestüt geführt haben, bestand meistens aus Adligen, die aus den Reihen des Militärs stammten und die Pferdezucht im Gestüt an den Bedarf ihrer Zeit anpassten. Denn in erster Linie war das Gestüt als Lieferant von Pferden für die Kavallerie zu sehen. Unter den Gestütsleitern ist besonders Cäsar von Hofacker (1867–1896) hervorzuheben. Er legte mit der Kreuzung von Anglo-Normannen und ostpreußischen Pferden die Grundlage für die Altwürttemberger Rasse. Ihm gelang außerdem die erfolgreiche Bekämpfung von Seuchen wie Influenza und Fohlenlähme, die in der Zeit zuvor fast den gesamten Pferdebestand ausgerottet hatten. Schon zu Beginn des 19. Jahrhunderts, zur Zeit von König Wilhelm I. von Württemberg, wurde die Bedeutung Marbachs als Garant einer soliden Zucht für schwere Pferde angesehen, die den Bedürfnissen der Bauern Rechnung trugen. Immer wieder wurden orientalische Pferde, später englische Vollblüter, als Veredler sowohl für die Arbeitspferde als auch für die Reitpferde eingesetzt.

Die letzten Direktoren im 20. Jahrhundert sahen sich dagegen nach zwei fatalen Weltkriegen, die Hunderttausenden von Pferden das Leben gekostet hatten, vor die Aufgabe gestellt, die Marbacher Zucht umzustellen und an neue Bedürfnisse anzupassen. Aus einem Militärpferdeschlag und einem schweren bäuerlichen Pferd sollte nun ein sportliches Reitpferd entstehen, das vielseitig verwendbar war.

Landesoberstallmeister Karl Storz hatte das Gestüt durch den Krieg gebracht und alle Pferde erhalten können, da die französische Besatzungsarmee keinen Einfluss genommen hatte. Im Osten Deutschlands dagegen hatten die russischen Sieger viele der alten Gestüte geplündert und nahezu alle Pferde verschleppt. Karl Storz starb 1949 überraschend.

Sein Nachfolger Dr. Georg Wenzler sollte mit dem Trakehnerhengst „Julmond" die Umgestaltung der Württemberger Reitpferderasse gelingen. Außerdem brachte er 1955 unter großem persönlichen Einsatz den rein arabischen Ausnahmehengst „Hadban Enzahi" und dessen Halbschwester „Nadji" nach Marbach, die beide die Araberzucht, begründet durch Wilhelm I, mit neuem Blut versorgten und gedeihen ließen.

Als Dr. Wolfgang Cranz 1974 die Gestütsleitung übernahm, lag die schwere Aufgabe vor ihm, das Gestüt zu modernisieren. Er öffnete es erstmals für die Öffentlichkeit und versuchte, mit einer bunten Hengstparade, Auktionen und vielen weiteren Veranstaltungen nicht nur Züchter für die Marbacher Pferde zu interessieren, sondern auch ein breiteres Publikum. Zu diesem Zeitpunkt war das Interesse am Reitsport in Deutschland wieder erwacht. Besonders die arabischen Pferde, so erkannte er schnell, waren die allgemeinen Lieblinge. Und Marbach hatte besondere Araber und Blutlinien vorzuweisen. Marbach stellte seine Pferde international in der Araberszene vor, und es war eine Sensation, als die Stute „Dschadaah" 1985 das Weltchampionat arabischer Stuten in Paris gewann.

Der langjährige Mitarbeiter von Wolfgang Cranz und Gestütsveterinär Dr. Helmut Gebhardt wurde sein Nachfolger. Es galt, das Gestüt nun in den 90er-Jahren weiter zu modernisieren und mit zeitgemäßen, computergestützten Technologien auszustatten. Er baute zudem das Gestüt als Ausbildungsstätte in den Bereichen Pferdezucht, -haltung und Reiten aus und intensivierte die Zusammenarbeit der europäischen Staatsgestüte. Auch die erfolgreiche Marbacher Araberzuchtshow namens „Bairactar Memorial" wurde von Dr. Gebhard initiiert. Somit hat sich das Bild des Gestüts in

den letzten 50 Jahren komplett gewandelt, mehr als in den Hunderten von Jahren zuvor. Das Haupt- und Landgestüt Marbach ist heute nicht nur eine Zuchtstätte für Warmblutpferde, Araber und Schwarzwälder und ein landwirtschaftlicher Betrieb, es ist auch ein Magnet für den Tourismus und hat vielfältige Aufgaben zu bewältigen. Die Vermarktung der Pferde geht vollkommen neue Wege: Ausstellungen, Messen und internationale Repräsentanz sind gefragt sowie die weltweite Präsenz im Internet.

Nicht zuletzt zeigt der Faktor, dass seit 2007 die erste Frau, Dr. Astrid von Velsen, als Oberlandstallmeister eingesetzt wurde, wie sehr sich der Blickwinkel geändert hat. Das Gestüt ist der größte und wichtigste Ausbildungsbetrieb im Pferdebereich in Deutschland und fördert viele Berufe rund um das Pferd. Diese Vielfalt sichert auf der einen Seite das Überleben des Gestütes, auf der anderen Seite fordert es von der Gestütsleitung eine extreme Vielseitigkeit und die Fähigkeit, Marbach durch turbulente Zeiten zu steuern. Dr. Astrid von Velsen, promovierte Agraringenieurin, entstammt einer alten Trakehner-Züchterfamilie. Sie ist gezwungen, viel in Marbach zu verändern. Dabei muss sie entscheiden, welche Traditionen im Gestüt sinnvoll sind und unbedingt erhalten werden müssen und was neu überdacht werden sollte. Sie ist bemüht, der langen Geschichte Marbachs gerecht zu werden, das Gestüt zu fördern, weiterzuentwickeln und Dinge so zu verändern, dass sie auch den Anforderungen der Zukunft Stand halten können.

Anlässlich des 500-jährigen Jubiläums des Gestütes mag man einen Bogen zurück in die Vergangenheit spannen, und man darf mit Stolz sagen, dass Marbach die Stürme der Zeit wohlbehalten überstanden hat. Dass es heute noch immer existiert und gedeiht, ist nicht zuletzt dem Weitblick und dem persönlichen Engagement dieser Menschen zu verdanken, die Marbach als ihr Lebenswerk angesehen haben.

19

Leiter des Gestüts von der Gründung bis heute

Um 1514	**H. von Hutten**
um 1570	**Sebastian von Plieningen und Hohenheim**
um 1593	**Christoph von Haugwitz**
um 1633	**Friedrich Benjamin von Münchingen**
1672–1710	**Levin Freiherr von Kniestädt**
1710–1714	**Friedrich Freiherr von Kniestädt (Sohn des Vorhergehenden)**
1714–1724	**von Zettwitz**
1724–1734	**Friedrich Freiherr von Kniestädt**
1734–1751	**Heinrich Reinhold Freiherr von Röder**
1751–1762	**G. Fr. Freiherr von Üxkuell**
1762–1769	**Gottlob Reinhold Freiherr von Röder**
1769–1794	**Alexander Freiherr von Bouwinghausen**
1794–1806	**G. L. Freiherr von Bouwinghausen (Sohn des Vorhergehenden)**
1806–1813	**Graf von Goerlitz**
1813–1825	**Freiherr von Falkenstein**
1825–1839	**Freiherr von Moltke**
1840–1861	**Edmund Freiherr von Reischach**
1861–1867	**Ferdinand von Sterten**
1867–1896	**Cäsar von Hofacker**
1896–1903	**Karl-Ferdinand von Scholl**
1903–1924	**Christian von Pentz**
1924–1949	**Karl Storz**
1949–1974	**Dr. Georg Wenzler**
1974–1994	**Dr. Wolfgang Cranz**
1994–2007	**Dr. Helmut Gebhardt**
Ab 2007	**Dr. Astrid von Velsen-Zerweck**

LANDOBERSTALLMEISTERIN

Dr. Astrid von Velsen-Zerweck

500 Jahre Marbach – was für eine lange Zeit und welch ein großes Erbe! Generationen von Landoberstallmeistern, Gestütern und Züchtern sind eng mit dem ältesten deutschen Staatsgestüt verbunden. Und es sind die Pferde auf den Gestütshöfen und Vorwerken inmitten der Kulturlandschaft des UNESCO-Biosphärengebiets Schwäbische Alb, die das Herz des Gestüts bilden und die Faszination ausmachen. Im Laufe der Jahrhunderte standen die Verantwortlichen zusammen mit den Gestütern wiederholt vor der Aufgabe, das Gestüt neu auszurichten und die Herausforderungen zu meistern. Das ist auch heute noch so: Neue Aufgaben wie Bildung und Wissenstransfer, der Erhalt des lebendigen Kulturerbes im europäischen Netzwerk gehen wir gemeinsam mit Freude an, ebenso wie die Pferdezucht, um Marbach in eine erfolgreiche Zukunft zu führen.

Landoberstallmeisterin

Dankeschön

Mein herzlicher Dank geht an das gesamte Haupt- und Landgestüt Marbach, das mir nun schon seit vielen Jahren die Gelegenheit gibt, wundervolle Aufnahmen zu machen. Besonders möchte ich mich bei den Gestütern bedanken, die extra für die Fotoshootings und die Fotoseminare auch sonntagmorgens für uns da sind, die Pferde waschen und vorbereiten. Sie haben für diese Buchproduktion auch geduldig Interviews gegeben und sind immer freundlich und offen. Die Interviews hat Katja Nicklaus geführt. Ich möchte auch an dieser Stelle die Gestüter nicht vergessen, die immer wieder bei den Fotosessions halfen, aber letztlich nicht im Buch vorkommen.

Ein besonderes Dankeschön geht an Kurt Freitag, den Marbacher Verwaltungsleiter, der immer Lösungen findet, wenn ich mit einer Frage oder einem Anliegen komme. Er ist die graue Eminenz hinter den Kulissen. Auch bei Frau Dr. Gille möchte ich mich für die Zusendung aller Informationen, die wir immer wieder brauchten, und für die Unterstützung bei den Seminaren bedanken. Ein Dankeschön auch an Hauptsattelmeister Karl Single für die vielen Informationen zum Alltagsbetrieb in Marbach.

Bei Frau Dr. Astrid von Velsen-Zerweck möchte ich mich für die gute Kooperation seit ihrem Amtsantritt als Gestütsdirektorin bedanken. Aber auch ihrem Vorgänger Dr. Helmut Gebhardt gilt mein ganz besonderer Dank für seine Unterstützung. Immer in Erinnerung bleiben wird mir Dr. Wolfgang Cranz, der mich in den 80er-Jahren nach Marbach eingeladen hatte. Ich traf ihn zum ersten Mal im Jahr 1985 als die Marbacher Stute Dschadaah Siegerin des Araber-World-Cup in Paris wurde. Damals machte ich die ersten Fotos von Vollblut Arabern in Marbach, die in meinem Kalender „Faszination arabischer Pferde“ erschienen.

Und natürlich möchte ich mich bei meinem Team in der Edition Boiselle bedanken: Besonders bei meiner Assistentin und Fotografin Sandra Hoffmann. Zusammen haben wir viele Fotoshootings in Marbach gemacht, sind oft mitten in der Nacht aufgestanden, um die schönsten Morgenbilder zu bekommen. Sie hat sich, so wie ich, in Marbach verliebt und war auch maßgeblich verantwortlich für die kreative Bildauswahl im Buch. Mein Dank geht außerdem an Tanja Münster, die mit mir Texte geschrieben und redigiert und wieder geändert und die Informationen zusammengetragen hat und an Anette Harenburg für die Koordination. Ein Dankeschön geht auch an Uta Over für das Redigieren und Analysieren der Texte. Wir haben uns alle einige Nächte lang die Köpfe zerbrochen.

Ohne die kreative Energie und gestalterische Kraft der Grafikerin Nicola van Ravenstein wären meine Bücher nur halb so schön. Sie ist eine echte Pferdefrau und kann sich für tolle Bilder begeistern. Doch sie liest auch die Texte und schafft es, die Inhalte perfekt mit den Bildern zu kombinieren. Mit ihrer Grafik formt sie aus meinen Bildern und Texten eine wundervolle Einheit, ergänzt Details und vollendet das ganze Buch Seite für Seite immer sehr liebevoll.

Mein Dank gilt auch der Verlegerin Frau Dr. Patricia Scholten, die das Erscheinen des Jubiläumsbuches im Verlag Müller Rüschlikon ermöglicht hat, der zur Paul Pietsch Verlage GmbH & Co. KG gehört und von ihr geleitet wird. Als Pferdefrau weiß sie, wie wichtig eine neue Publikation über Marbach für Marbach ist. Auch bei der Programmleiterin und Fachlektorin Claudia König möchte ich mich herzlich bedanken. Sie hat sich immer wieder sehr dafür eingesetzt, dass das Buch in diesem schönen Format und Umfang erscheinen konnte.

„MARBACH LIEGT MIR AM HERZEN"

Es war mir eine überaus große Freude und auch Ehre, dieses Buch zum 500jährigen Jubiläum des Gestüts erstellen zu dürfen. Das hätte ich mir 1985 bei meinem ersten Besuch nicht träumen lassen. Es wäre mir damals auch nicht im geringsten in den Sinn gekommen, dass Marbach mir so ans Herz wachsen würde: Heute fühlt es sich schon fast ein wenig nach „Zuhause" an, wenn ich über den Gestütshof gehe und die Klinke zum Büro des Landstallmeisters in die Hand nehme.

Von meinem ersten Besuch wird mir eine Episode immer in Erinnerung bleiben: Ich saß auf der großen Sommerweide oben auf der Brente mitten in den Butterblumen und wartete auf die Araberstutenherde, die mit ihren Fohlen aus dem Stall galoppieren sollte. Neben mir saß Dr. Wolfgang Cranz, der damalige Landoberstallmeister, der mich nach Marbach eingeladen hatte. Als die Herde dann direkt auf uns zukam, ausgelassen, die Fohlen bockend und Luftsprünge machend, da wurden wir beide still und waren völlig fasziniert. Diese wundervolle Kraft und Energie, die von den Pferden ausging, die da um uns herumgaloppierten, hatte uns schlagartig berührt. Ihre Ausstrahlung, ihr harmonisches Eins-Sein mit der Natur, der Welt und dem Universum. Kennen Sie das auch?

Es gibt einige fast heilige Momente, die man in seinem Herzen bewahrt. Als Fotografin habe ich das Glück, dieses Gefühl manchmal in Bildern festhalten zu können. Und daher finden Sie genau dieses Bild und diesen Augenblick auf Seite 12–13 des Buches. Damals haben wir noch mit Diafilm fotografiert, daher ist die technische Qualität ein wenig reduziert, doch ich würde es auf keinen Fall im Marbach-Buch vermissen wollen.

Überaus dankbar bin ich dafür, dass ich die Gelegenheit habe, meine Fotoseminare in Marbach abhalten zu können. Der große Konferenzraum über dem Besucherzentrum ist ein idealer Seminarraum, sogar mit einer kleinen Hintertreppe, um schnell ins Gelände zu kommen. Motive gibt es zahllose, sowohl in Marbach selbst als auch in Güterstein, St. Johann oder Offenhausen. Die Teilnehmer sind nach unserem intensiven Workshop restlos begeisterte Marbach-Fans. Ohne die freundliche und hilfsbereite Kooperation der Gestüter, die auch Sonntag morgens um 6 Uhr Stuten und Fohlen für uns auf die Weide bringen oder mit ihren Pferden durch die noch nassen Wiesen reiten, würde es aber nicht gehen. Es freut mich auch sehr, dass das Gestüt die so entstandenen Fotos für ihre Webseite und in der Werbung nutzt. An dieser Stelle möchte ich mich auch nochmals ganz herzlich für die spontane und unkomplizierte Zusammenarbeit bedanken und auch für das Verständnis, das Landoberstallmeisterin Dr. Astrid von Velsen-Zerweck für meine oft ungewöhnlichen Wünsche für die Fotomotive hat. So sind z.B. freilaufende Hengste nicht so auf der Tagesordnung eines staatlichen Gestütes, doch genau die möchte man gerne mal ohne Reiter fotografieren. Die Essenz der guten Fotos aus den Seminaren oder von anderen Fotoshootings schlägt sich dann im jährlichen Marbach-Kalender auf 24 Kalenderseiten nieder.

Mir bleibt nur noch, dem Buch, das Sie in Händen halten, zu wünschen, dass es viele Menschen für Marbach begeistern wird und dazu beitragen möge eines ganz klar zu vermitteln: Eine Institution wie Marbach ist ein Kulturgut, ein historisches aber auch ein lebendiges Kleinod, das für die kommenden Generationen erhalten werden muss, damit sie daraus lernen können.

IMPRESSUM

Einbandgestaltung: Nicola van Ravenstein
Titelbild: Gabriele Boiselle

Bildnachweis:
Alle Fotos Gabriele Boiselle oder Archiv Boiselle
mit engagierter Assistenz von Sandra Hoffmann, sowie Karin Boldt und Xenia Antonova.

Jacques Toffi / Archiv Boiselle
S. 203 oben, 277(2) unten, 278 oben, 279

Stefan Kube
S. 208-211 (Standbilder der Hengste), 269

Archiv Marbach
S. 20(2), 24, 110, 130 oben, 157, 164 (Foto: König), 187(2), 194(3), 195, 233 oben, 246 links unten, 278 (Foto: Mutschler)

ISBN 978-3-275-01964-9

Postfach 103743, 70032 Stuttgart
Ein Unternehmen der Paul Pietsch Verlage GmbH & Co. KG
Lizenznehmer der Bucheli Verlags AG, Baarerstr. 43, CH-6304 Zug

1. Auflage 2014

Sie finden uns im Internet unter www.mueller-rueschlikon-verlag.de

Konzeption und Realisierung: Gabriele Boiselle, Assistenz: Tanja Münster, www.editionboiselle.de
Fotografie: Gabriele Boiselle, Assistenz: Sandra Hoffmann
Lektorat: Claudia König
Innengestaltung: Nicola van Ravenstein, www.ravenstein2.de
Lithographie: Artilitho s.n.c., www.arthilitho.com
Druck und Bindung: Gorenjski tisk storitve, Kranj
Printed in Slovenia

ADRESSEN

Edition Boiselle
Armbruststr. 11
D-67346 Speyer
Tel: +49 (0)6232 / 100 76 25
info@editionboiselle.de
www.editionboiselle.de

Haupt- und Landgestüt Marbach
Gestütshof 1
72532 Gomadingen
Tel: +49 (0)7385 / 9695 0
poststelle@hul.bwl.de
www.gestuet-marbach.de

Weitere Informationen unter:
Marbach Classics: www.marbach-classics.de
Marbacher Vielseitigkeit: www.eventing-marbach.de
Kinderclub Marbach: www.julmonds-marbach.de
ESSA: www.europeanstatestuds.org
Pferdezuchtverband Baden-Württemberg e.V.: www.pzv-bw.de
UNESCO Biosphärengebiet Schwäbische Alb: www.biosphaerengebiet-alb.de

Fotogalerien und weitere interessante Fakten zum Buch und Kalender sowie Bestellmöglichkeiten finden Sie unter:
www.500jahre-gestuet-marbach.de